《一步一腳印　發現新台灣》開播 20 週年紀念

TVBS 獻給台灣的永續禮物

一步一腳印
邁向永續路

發現台灣SDGs典範故事

詹怡宜、徐沛緹 等——著

自序　立志成為更好的人

詹怡宜

二〇二五年六月一日是我在TVBS主持《一步一腳印　發現新台灣》的最後一集節目。當說完那句「《一步一腳印　發現新台灣》，我們再見」時，我深深感到自己何其幸運，在媒體生涯中有二十年時間製作主持這個節目，真是我最感驕傲的工作經歷。

《一步一腳印》的第一天

我還清楚記得二〇〇四年一月十二日那個焦慮的早晨，攝影記者劉文彬、潘至峰、駕駛陳景民和我，四人出門準備拍攝《一步一腳印　發現新台灣》第一集，目的地是烏日正興建中的台中高鐵站。二十多年前的那天，我們跟著工地主任戴著安全帽登上工作梯，進入偌大卻還只是鋼筋結構粗胚的第一座高鐵月台工地，知道即將迎來空間大革命，但那時只是憧憬，對於今日高鐵的效能與便利不太能具體想像。

第一集我們報導高鐵巨型工程興建過程中幾經折衝，終於將一株原本將被移除的百年老黃連木保留下來的故事。一則四分鐘的專題報導，以《一步一腳印　發現新台灣》作為單元名稱，講一個關於新未來與老傳統之間權衡拉鋸的過程，不是發燒話題、不聳動不吸睛，只是想為電視新聞環境開創不一樣的題材，但其實心中毫無把握，一樣是個不敢想像的憧憬。

2004 年 1 月 12 日那天，我們在興建中的高鐵台中站拍攝《一步一腳印》單元第一集，那棵當年在抗議折衝後被原地保留的百年黃連木，二十多年後的今天仍挺立在高鐵站旁，提醒我們美好價值的珍貴性。

哪裡知道後來《一步一腳印》小單元成為TVBS新聞台每週固定播出一小時的節目，還一做超過廿年、製作出九百多集內容、報導過約四千個人物故事，為電視新聞內容創建出一種風格。現在回想起來，這確實也如高鐵工程般不可思議。

當年的《一步一腳印》任務

「一步一腳印」這五個字，最早曾是TVBS開台之初，邱復生董事長邀請吳念真導演拍攝製作的形象短片名稱，甚至得到當時李登輝總統親自以台語配音唸出「一步一腳印　大家愛台灣」的珍貴旁白。回想當年短片廣獲好評，於是開台十年後的二〇〇四年，總經理李濤重新交給我這個單元名稱，要我設法開發專題題材。

當時的時空背景，廿年前的新聞台正處在有線電視剛崛起的高度競爭環境中，媒體工作者分分秒秒對抗著觀眾手中的遙控器。畫面的張力、高關注度的話題、有爆點的受訪者才是王道。即使我們很想掙脫收視率KPI的緊箍咒，努力報導有別於名人八卦與政治口水的故事，也知道該將麥克風遞給更有價值的受訪者，但我們也同時明白唱高調很難打贏收視戰。怎麼選擇題材？如何說出大家真願意聽的好故事？即使叫做「一步一腳印」，但腳印能邁出幾步？我充滿疑惑。李濤霸氣地說，先不要管收視率，妳就設法去呈現真實的台灣吧。

節目製作的難處與契機

從第一集四分鐘的「高鐵與老樹」起，我們決定沿著鐵路在地方上尋找題材，即使長官沒刁難，也的確苦撐了一段時間。「收視太低」、「焦點不清」、「題材太弱」、「不夠感人」各種意見都曾是內部檢討的問題，很難沒有壓力。所幸公司給我們一次次嘗試調整的空間。

二〇〇六年五月新的機會來臨，《一步一腳印　發現新台灣》成為周播節目，副總李四端拍板，每週日晚間十點固定播出一小時。由於時間加長，我們將節目方向調整為以人物為主軸，於是漸漸發現，把一個人生命中的奮鬥過程講清楚，原來是能觸動人心的。主角無需偉大或知名，只要能引起共鳴就能創造價值。於是《一步一腳印　發現新台灣》從此定位在

《一步一腳印》節目團隊二十年來走過台灣各角落，畫面拍攝採取類紀錄片拍攝方式，不做多餘包裝與戲劇安排，採取客觀忠實的觀察紀錄方式。文字旁白如說故事，盡量精準樸實，希望誠懇傳遞故事，並聚焦於人物主角的特質精神。

報導小人物努力生活的故事，團隊也逐漸擴大，開始有文字記者、主播、資深攝影等陸續加入，一同豐富這一個小時的節目內容。

從此每週五下午的節目錄影，成為我的「聽勵志故事時間」。作為製作與主持人，我比觀眾早一步聽到這些生命故事：為兒子打拚的蔥油餅老闆、熱血開書店的偏鄉棒球教練、為有機土地理想返鄉務農的年輕人、總是掛著笑容激勵人的罕病兒父母、每天早起擦路上反光鏡的退休阿伯……，一個個鮮活的生命經驗彷彿成了我每週的養分。每當工作或家庭的挑戰撲來，腦海中經常浮現那些在台灣各地打拚的主角臉孔，與他們不經意說出口的金句。別人的人生竟能對自己產生激勵，我這才知道原來聽故事如此有意義。

感謝《一步一腳印》的主角們，願意真誠與我們分享難處與困境，並不吝告訴我們突破的過程中獲得的各種人生智慧。

說故事、聽故事、活出故事

透過這些在地的人物真實故事，我發現，所有精彩故事都有著共通元素——困境，突破困境的過程，就是故事的流動；每一個為了突破困境所做的決定、採取的行動與結果，都是值得記錄的內容。因為人生總有或大或小的苦難，當每週看著這些主角們面臨苦難時的人生選擇，總能幫助我們超越自身困境，不知不覺也想有所突破，成為一個更好的人。甚至幻想把自己活成一步一腳印的主角，也成為一個「有故事的人」。

這個關於說故事、聽故事、活出故事的發現，幫助我重新認識節目的價值。甚至，也重新認識觀眾。過去我們總習慣將媒體題材品質低落的責任推給觀眾和收視率。「沒辦法啊，觀眾只愛看這些。」「是收視率決定的，不是

◀ 2006 年《一步一腳印　發現新台灣》改版為一小時節目後播出的第一個故事是剛從紐約回到台灣的舞者許芳宜，她的不斷自省與奮鬥苦練很激勵人，讓我們確定節目以人物故事為走向。（攝於 2012 年許芳宜再度受訪時）

▶主持《一步一腳印》二十年，從菜鳥到資深、懷孕到女兒長大，我自己也經歷不同的人生階段，越來越能體會不同年齡層主角們的各種心境變化。

我們！」……。但後來《一步一腳印　發現新台灣》確實是個高收視率節目，雖然我們仍然發現食物畫面更討好、某些題材觀眾會轉台、張力要夠、節奏不能慢……等市場現象，然而這廿年來，從故事題材、拍攝剪輯、敘事方式與每集節目收視率數字的觀察比對，我們真的相信，觀眾比我們想像的更明白。

如何從平凡角色中整理出引起共鳴的故事？如何在訪談過程中找出觸動人心的重點？如何在每週一次的播出頻率中，與觀眾找到某種透過收視率反映出的對話默契？廿年來的學習，我們越來越肯定觀眾對這種說故事模式的接受度，節目的成長本身也是「一步一腳印」的過程。

很開心《一步一腳印　發現新台灣》成為TVBS的長壽節目，並能無縫接軌順利交棒，在我退休後由主播錢麗如、製作人陳心怡

《一步一腳印》至今播出九百多集，報導過近 4000 個人物故事，感謝文字與攝影記者、參與過的主播群、執行製作人林中秉，與許多同事們一致「立志成為更好的人」，都想做出有影響力的好作品。

和採訪的文字與攝影同事們接力把二十年說不完的故事繼續說下去。感謝《一步一腳印》的近四千個主角們，也感謝參與過《一步一腳印》的記者與主播們，認真在台灣各處找故事。每一位的視角都曾幫助我找到節目意義。

跟著主角們朝永續的路上前進

原來多數人們都在立志成為更好的人，只是有時需要一點榜樣做為參考。不必名人說教，只想聽聽別人面對生活中的煩躁鬱悶乃至困境苦難，是怎麼做決定的。聽越多故事，不知不覺我們越想朝那個方向走，走著走著，一群人可能就走出一條新路。

這也正是這本書的由來。廿年來四千位主角的故事帶給我們的影響何其多，聯合國永續發展的十七項目標恰好幫助我們整理出這些人物故事的價值。感謝出版策劃人楊樺博士的發想、製作人徐沛緹博士的永續理論專業，讓主角們的故事得以成為ＳＤＧｓ永續目標學習上的具體教材，這是我們起初報導時想不到的切入方式，更不是主角們做人生決定時的刻意安排，十七個人物卻能成為幫助我們立志的榜樣。雖然清楚自己離目標還很遙遠，但當我們都立志成為永續目標下「更好的人」時，這片土地將真的因為大家的「一步一腳印」而「邁向永續路」。

《一步一腳印　發現新台灣》交棒由主播錢麗如主持，將繼續說這片土地上的人物故事，節目精神的傳承，也是一步一腳印，邁向永續路。

目次

Contents

SDG 1

終結貧窮

拾荒老伯的善事業

人物 趙文正

文／吳奕慧

SDG 1

《一步一腳印　發現新台灣》節目二十年來記錄的從來不是顯著的豐功偉業，而是台灣各地認真踏實過生活的小人物故事。這些看來平凡的故事之所以令人動容、值得被看見，都是因為那或多或少貼近你我的生命經驗，且主角面對人生困境時努力正向的精神與信念，更令人感佩。

但當我遇見台中烏日的拾荒老伯趙文正——這位被《富比士》選為「亞洲慈善英雄」的長者，身為採訪者的我，卻一度難以理解他的故事與執著。一位身處社會底層、每日為三餐勞動打拚的人，為何還要犧牲自己的休息時間，低頭彎腰收垃圾做資源回收，把一點一滴辛苦攢來的錢，幾乎七成以上都捐作公益之用？

四十多年來，他認養並幫助海內外弱勢學童的金額超過四百萬，也捐助消防警備車，甚至將「港澳台慈善愛心獎」的獎金全數捐出。然而，他的生活卻始終如一，飲食簡單、衣著樸素，甚至連手機都沒有。他強大的信念和執行力從何而來？他的追求又是什麼？

從在鐵工廠當清潔工起，趙文正每天從清晨到夜晚做資源回收，四十年來已捐出超過四百萬元，資助海內外貧童就學。

NO POVERTY

永遠記得第一次見到趙文正那天，正值燠熱的夏季，台中氣溫高達三十四度。為了趕上他回家吃午飯的時間，我們採訪車得在中午前抵達家扶基金會提供的趙家地址。其實一路上我的心情是忐忑的，因為這個採訪從嘗試聯絡到成行，已經歷時一年多。期間我從未真正聯繫上趙先生，因為沒有手機的他，每天從清晨到深夜都在外頭收垃圾，即使我撥打趙家的家用電話，他的妻子對他的行蹤也一問三不知，更無法替他決定是否接受採訪。所以，我原本是打算放棄的。直到一年後的某天，家扶專員來電說，她終於在親訪時見到了趙先生，也取得他的同意，我們這才火速安排採訪。

那天當採訪車接近趙家時，我遠遠就看見一位皮膚黝黑、身材瘦小且戴著墨鏡的老先生坐在門口，其實他並非在等待迎接我們，單純是屋內悶熱，吃飽了想出來吹吹風休息，趙先生一見到我們，看看了看時間便說：「我要出門了，每天要去哪裡收（回收）都有固定的時間。」就這樣，他馬上動身前往附近商家一一收取紙箱和廢棄物。初次見面，他就讓我們見識到那數十年如一日的行動力。

那時的趙文正七十八歲，健步如飛，走得比年輕人還快。只有在整理廢棄物時，才會停下腳步，蹲在地上專注清空罐內的液體，不偷一分重量，紙張、紙箱在他手中也變得平平整整。我總算找到時間能跟他說上幾句話了，這才知道原來他重聽，一直戴著墨鏡則是因為白內障手術後必須保護眼睛。而他的堅持，背後其實有個坎坷的成長故事。

趙文正自述，他自幼家貧，常得去垃圾堆翻找剩食果腹，但最讓他難受的不是餓肚

趙文正幫助清寒孩童讀書，收到的表揚與感謝狀掛滿家中牆壁，他最大的希望是孩子們把握每一次讀書的機會，成為一個對社會有用的人。

子，而是繳不出學費遭受到的異樣眼光和屈辱。所以即使沒錢念書，沒學歷的他長大後只能以勞力餬口，他也立志要幫助弱勢的孩子，別讓他們像他一樣因貧困而失學，一輩子在社會底層掙扎。從民國六十八年開始，趙文正主動聯繫家扶中心做小額捐款，但有七口之家要養，擔子還是很重，因此，除了工作之外，他積極撿拾回收物變賣來增加收入，兼顧生計與理想。家扶中心專員對趙先生的印象很深刻，她說：「每次趙先生來，都是拿著厚厚一疊百元鈔，一共八萬元左右，那是他辛苦存滿要給一個孩子十年的認養費。」

這筆錢有多難存？跟著他做一整天的回收就能體會……奔波大半天收來的紙箱和瓶罐，一趟能換的現金往往只有三、四十元。趙文正卻從不喊苦，一點一滴攢錢

年逾八十，重聽且白內障，為了做回收，還出過兩次車禍，但趙文正仍然堅持每天出門做回收、捐善款，他發願要做到做不動為止。

助弱，幾十年下來，根據台中家扶統計，趙先生歷年捐款總計為兩百七十六萬兩千餘元，共認養了國內四名、國外十一名孩童，遍及越南、甘比亞、玻利維亞、蒙古、中國、吉爾吉斯、柬埔寨、約旦、菲律賓，愛心滿布全球。此外他還在慈濟、惠明學校、世界展望會和台中育嬰院資助學童就學。「很多事不是做不到，而是你願不願意去做。」趙先生身體力行印證了這個道理。

距離上次拍攝迄今三年，趙老伯今年已經八十二歲，仍然每天出門做回收，發願要做到做不動為止。他曾因東奔西跑出過兩次車禍，也曾遭路人訕笑是撿垃圾的流浪狗，甚至省吃儉用到連自己的孩子都看不下去，五名子女中，只有小女兒能理解老爸的選擇……這樣的付出真的值得嗎？

「做善事為社會服務，是我的本願。」

「錢多錢少，夠用就好，人生留下的不是曾經擁有的，而是曾經的付出。」

「（港澳台慈善愛心獎）獎金本來就不是我的錢，我自己的錢都捐了，還在乎別人給我的嗎？」

這是趙文正的回答。在他行善固執的背後，我想，也許還有一個答案——對於「存在價值」的追求。就像他雲淡風輕說著的那句「人生留下的是曾經的付出」。無法選擇出身的他，即使很渺小、很平凡，卻用一輩子的堅持行善，讓生命發出不凡的光芒。

錢多錢少，夠用就好，
人生留下的不是曾經擁有的，而是曾經的付出。
——趙文正

SDG 實踐

文／徐沛緹

◆勿以善小而不為——不是富人，也能濟貧

二〇一二年，《富比世雜誌》選出了「大中華地區行善英雄榜」，台灣共四人獲此殊榮，他們分別是王品集團前董事長戴勝益、已故的奇美集團創辦人許文龍、已故的長榮集團創辦人張榮發，以及鐵工廠清潔工趙文正。

與三位大企業家齊名的趙文正，退休前上午在鐵工廠當清潔工，下午在街上撿拾資源回收。他將所得持續捐款近四十年，資助學童就學，總金額超過四百萬元。雖然這數字遠不及「大中華地區行善英雄榜」其他獲獎者的捐款金額，但這些錢卻是他從每天少則數十元、多則兩、三百元的資源回收金裡，一點一滴存下來的。家扶中心曾告訴一位受趙文正資助的孩子他的故事，這名孩童驚訝的反問：「那他還有能力幫助我嗎？」

濟貧該是不分社會地位的，在趙文正登上行善英雄榜的前兩年，台東的菜販陳樹菊亦獲選為《富比世》亞洲行善英雄榜。有人封趙文正是「男版陳樹菊」，而這兩位市井裡的行善英雄，恰恰展現了台灣人無論貧富、人皆有之的惻隱之心。

SDG 1「消除各地一切形式貧窮」，希望終結世界上所有人的極端貧窮，並提升貧窮與弱勢族群的韌性和災後復原能力，以減少他們遭受極端氣候、經濟、社會和環境的衝擊與災害。

聯合國將極端貧窮定義為「嚴重剝奪人類基本需求，包括食物、安全飲用水、衛生設施、健康、住所、教育和資訊。」世界銀行對「赤貧」的定義是每人每日生活費不到一・二五美元（大約新台幣三十六元）。聯合國十分憂心，到了二〇三〇年，全球約有百分之七的人（大約五・七五億人）仍可能陷入極端貧窮，其中主要集中在撒哈拉以南的非洲。

人類的幸福彼此緊密相繫，而日益加劇的不平等，不僅阻礙經濟成長，也使政治與社會局勢日趨緊張。許多人都曾憂心會因失業、疾病或社會排斥而陷入貧困，但收入微薄的趙文正並非富豪，卻能以一盞微光點燃希望的星火，身體力行地實踐扶貧濟困的信念，他證明了不是只有富者才能濟貧，勿以善小而不為，每個人都可能為翻轉社會、消除貧窮盡一分力。

◆十年一援：翻轉孩童的未來路

根據國際勞工組織（ILO）與聯合國兒童基金會（UNICEF）二〇二五年發布的最新報告，二〇二四年全球仍有大約一億三千八百多萬名兒童被迫成為童工。國際勞工組織指出，童工問題的根源，正是貧窮。

幼時家貧的趙文正，因無力繳納學費，小學畢業便被迫中斷學業。他在社會底層辛苦謀生，深知貧窮所帶來的無助與遺憾。正因如此，他選擇省吃儉用，將當年無法繼續升學的遺憾，化作資助失學貧童的行動，盼望這些孩子日後能成為有用之人，貢獻社會。

趙文正資助的對象遍及家扶、慈濟、世界展望會、惠民學校等多個社福機構，甚至遠至非洲，而且一資助便是十年的認養費，只為了讓孩子們不必擔憂資助中斷。但他很少與受助的孩子見面，不寫信、不要求感謝。他曾對家扶表示，孩子們無需認識他，只要把握每一次念書的機會，努力成為一個有用的人。而多年來家扶持續追蹤趙文正資助的孩子，他們都已完成學業、順利就業，沒有人辜負他的心意。

◆縫補斷裂：讓光照進社會安全網無法覆蓋的裂隙

根據公益責信協會二〇二三年台灣民眾捐款調查，兒童仍是捐款最大的去向，占比高達百分之三十五。「再苦也不能苦孩子」，始終是台灣社會的共同信念。然而疫情衝擊下，老人、身心障礙、急難救助與動物保護，幾個領域的捐款則受到劇烈影響，減幅皆超過五成。

這幾年趙文正的善舉，早已不僅止於孩童。他說：「因為住在馬路邊，時常聽到救護車急駛而過的聲音，所以萌生捐救護車幫助更多人的念頭。」可惜他的捐款金額，尚不足添置救護車與消防車，所以改為捐贈消防警備車，但此舉也為社會上更多需要被照顧的角落，默默獻上助力。

聯合國統計，全球仍有約四十億人完全缺乏社會保障。疫情過後，生活在極端貧困中的人口，比原先預估多出近九千萬人，嚴峻考驗著SDG 1「消除各地一切形式貧窮」的目標，能否在二〇三〇年前，如期達成至少減少一半貧窮人口、建立社會保護制度、保障弱勢群體平等取得經濟資源的權利等進程。

聯合國將每年的十月十七日訂為「國際消除貧困日」，希望喚起全球正視，共同面對貧窮問題。然而現實中，仍有太多被排除在社會救助網之外的斷裂地帶。根據社會救助法修法聯盟的統計，台灣仍有逾兩百萬人，未納入社會救助體系，這意味著扶貧資源無法真正觸及每一位需要幫助的人。

然而，這片土地從不缺溫柔的力量。就像趙文正，台灣社會基層的溫暖，總在裂縫間默默傳遞善意，讓不同處境中的弱勢族群，在無聲處也能看見微光。

TO DO LIST

★趙文正的 SDG 實踐

四十年認養海內外貧童，捐出拾荒金額超過四百萬。

★我可以怎麼做？

✔ ______________________

✔ ______________________

《一步一腳印　發現新台灣》
【拾荒老伯的善事業】
▼影片這裡看▼

End poverty in all its forms everywhere

SDG 2

消除飢餓
每天的上百個A餐

人物 陳進興

文／詹怡宜

SDG 2

餓肚子是什麼滋味？認真回想，我們或多或少都餓過，但多半是為了減肥、健康忌口，或者短暫的活動體驗，例如「飢餓30」。直到聽了陳進興的描述，我才意識到我們不算真的餓過。

「肚子餓的時候，什麼想法都沒有，你什麼都想不出來，只想要有東西吃而已。」阿興小吃店老闆陳進興曾經是真正餓著肚子的遊民，他對著資深記者沛緹回憶的那個場景令人印象深刻，那是餓了三天剛吃下第一口食物後，坦白而真實的描述。

「亂葬崗那邊有個小小的土地公廟，桌上有人拜拜後沒拿走的糕餅。」多年之後，陳進興描述當時看見食物抓起來猛吃的激動，仍忍不住鼻酸：「哎呦，好好吃，真的好好吃。」

中和的「阿興魯肉飯」是當地人都知道的愛心店家，至今仍每天準備了上百個待用便當。

ZERO HUNGER

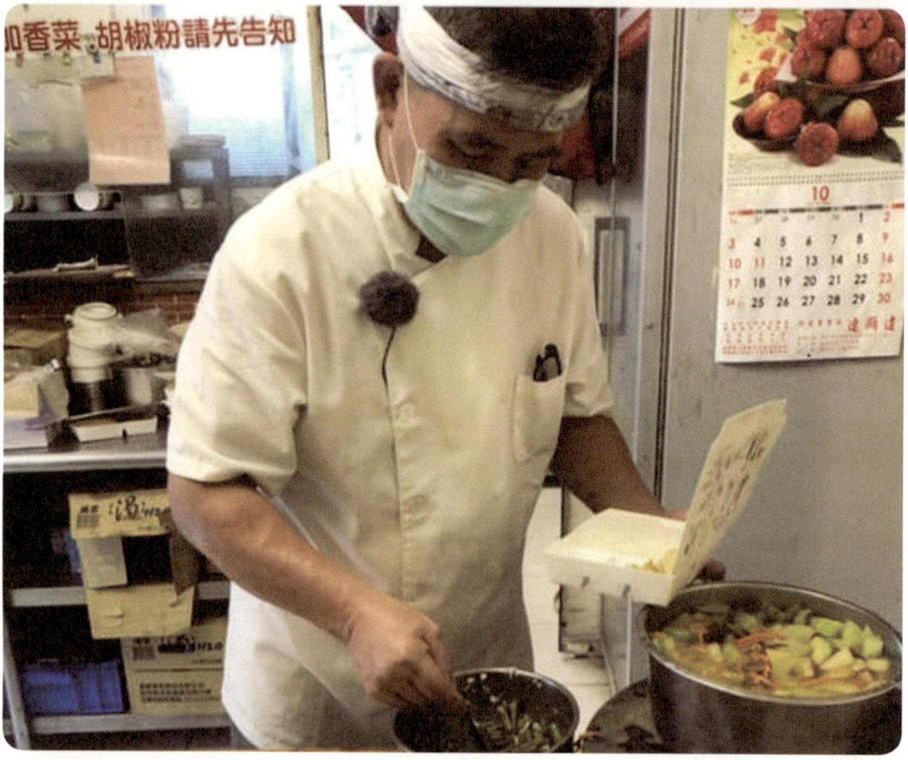

「小聲跟老闆說，要點 A 餐」體貼著領用者的窘迫尷尬，因為陳進興是過來人，他懂。

只有他才懂得這個窘境。他不是不願努力工作的人。本來跟家人在台中從事營造業，因為一筆貨款拖欠而面臨生計困難，先是想做股票，失敗了；接著預借現金，以債養債，越欠越多，負債幾百萬。他回到台北沒有工作、無處棲身，整整兩個月流落街頭成為遊民，先是打零工，再來有了自助餐便當店的工作，後來終於存夠錢，才自己開了這家小吃店。

他雖然自己已經遠離捱餓了，但卻沒有忘記飢餓的感覺。小吃店開業第三天，陳進興在店門口張貼一張紅紙：「出外人有困難，說一聲，飯湯吃到飽，不用錢。希望改天等你有能力時，換你幫別人。」

陳進興明白飢餓者的需求，願意免費提供食物給像當年的自己一樣餓著肚子的人。不過，他很快明白為什麼來領取的人並不多。「誰開得了口？誰願意拉下臉說老闆我有困難？」他真的懂。否則當年的他也不會只敢到沒有人的土地公廟撿東西吃。

於是，店裡再加貼一張紙條：「記得小聲跟老闆說，你要點 A 餐，飯湯吃到飽，不用錢，吃完直接走就可以。」A 餐就是大碗滷肉飯加魚丸湯吃到飽，是陳進興記憶中像高檔西餐廳才會有的套餐，不用選也不必多說，A 餐就是一套大碗擱免錢的內容。陳進興懂得人的飢餓，也懂得人會有的羞恥心，畢竟他親身經歷過。紙條貼心的免除需求者的尷尬——不用多問，小聲說要 A 餐，然後吃完直接走就行。於是，小聲說要點 A 餐的人確實越來越多了。疫情前一天大約要準備一百多份待用餐，到了疫情期間不能內用，阿興滷肉飯的 A 餐便改為便當外帶，三級警戒的那段艱困時光，營業收入只剩一半，領待用便當的人數卻翻倍，一天約需準備兩百個便當。

記者採訪拍攝的那一天，阿興滷肉飯已經熬過最慘淡的幾個月，開放餐飲內用了。那個下著雨的上午十一點鐘，小吃店正式開門營業前，士杰和遠斌的攝影鏡頭記錄了鐵門裡面正忙著無償準備豐盛菜色包裝便當的陳進興，同時拍到的還有門外幾十人早早來排隊，正在雨中等候著。記得節目播出前，我們還為這些畫面特別討論過，即使他們並未表示反對，但領取待用餐的面孔還是別在電視上露出吧。老闆能顧慮人家的感受，要人小聲點A餐，我們也將畫面做了特殊打矇處理，避免尷尬。

只是，想到這樣大排長龍的畫面，週一到週五天天出現，我們不禁想問，這樣合理嗎？老闆自己都難撐下去了。

陳進興說了個疫情中發生的故事：那時，收支打不平，眼看房租就要付不出來，他苦惱著是否明天打電話跟房東商量延一下？畢竟疫情中有需要的人更多，雖然很不想打破紙條上的承諾，但真怕自己撐不下去。「那天正想著要怎麼開口，就剛好有人來捐款，這是不是很神奇？我不用打電話了。」真的神奇，就繼續當作一種使命吧。「老天爺要我做，我就得做啊！」

沛緹採訪當下才聊著這些話，剛好郵差的掛號信就來了，一打開是三千元贊助金，感謝他的付出。這果然是一個善循環的平台，也成為他繼續努力的動力。他不是拿錢做善事，而是做了好事之後激發更多人的善念，也想盡一點心意，一起加入他的行列。

但，對人性沒有失望過嗎？不怕有人利用你的善意佔便宜起貪念？不怕這些人終究把你吃垮嗎？陳進興的回答展現他的公益哲學：「要做待用餐的人就把心放寬，或許來領的一百個人中有九十九個都不是真的需要，只有一個人是需要的；但是如果沒有那九十九個，那一個人可能不敢來。我們能幫到一百分之一的這個人，就好了。」

這是真正的放寬心不計較。除了有幾個喝醉酒的，陳進興會在紙條上做記號列為拒絕發放對象外，他的本益比計算方式的確與人不同。當人可以放寬心，就不會在乎自己被當冤大頭、被佔便宜，只在乎自己所幫到的那一個人。

鏡頭前，他又講了一個故事——十多年的經驗的確讓他的生活中充滿故事。「一個騎摩托車的年輕人，看起來好手好腳，樣子也很拉風啊。」結果小聲點了 A 餐，客人沒有多說，他也沒多問。「來吃了一兩天，吃完就走了。隔一陣子，人家帶女朋友回來謝謝你，還去給你捐款，哎呦，那就是我們的回報啊。」當陳進興知道自己幫到人時，真誠的開心，既給予對方祝福，也令自己欣慰。

繼三年多前的這則報導後，阿興滷肉店從 A 餐到發便當至今已有十六年了。便當的數量又從每天兩百個再增加，門口依舊是人龍，一天已經要準備將近四百個便當了。陳進興也六十多歲了，經營仍不輕鬆，但也仍然有神奇的事發生，總是有即時捐款幫忙小店度過難關。

看著父親發待用餐十六年的女兒也長大了，她曾經不能理解家裡經濟明明不好，為何還要幫助別人？直到現在已認同父親的理念，全力參與支持。多了幫手，讓陳進興更覺得滿足。每天看到領餐者、捐款人都對他有所期待，陳進興不敢停下腳步，還是說：「老天爺要我做，我就繼續做啊。」

新北中和這麼一間平凡的滷肉飯小吃店老闆，竟然願意每天張羅將近四百個便當，讓陌生的弱勢者飽腹，應該是他將自己曾經飢餓過的感受，同理在每一個徘徊於店門口的身影上，寧可相信他們就跟當年的他一樣：吃飽了、腦子清晰了，就可以幹活了，也能脫離挨餓，甚至可以幫助別人了。

的確，如果真能多幫到一個當年的他，哪怕只有一個，社會上又將多一位像他一樣願意提供 A 餐的陳進興，這個循環真好。

從 A 餐到直接發便當，已經超過十六年。但阿興一想到每天凌晨出門採買時，已經有人等在店門口，便停不下來。

或許來領的 100 個人中有 99 個都不是真的需要，只有 1 個人是需要的；但是如果沒有那 99 個，那 1 個人可能不敢來。我們能幫到 100 分之 1 的這個人，就好了。

——陳進興

SDG 實踐

◆讓「餓」不墜入「惡」，而奔向「善」

文／徐沛緹

「呷飽未？」是一句台灣人再熟悉不過的日常問候，但這句話的背後，實則潛藏著全球危機！

聯合國糧食計畫署所公布的《世界糧食安全與營養狀況報告》指出，自二〇一九年起，由於新冠肺炎大流行、俄烏戰爭、通貨膨脹，導致食物成本上漲，加上極端氣候，種種災害與危機，總尾隨了飢餓的苦難。全球面臨飢餓問題的人數，在二〇二二年已來到大約七．八三億人。還有二十四億人口，面臨中度至重度糧食缺乏，無法獲得足夠的營養，糧食危機已成為不可忽視的問題。

SDG 2「消除飢餓」聚焦糧食安全，消除飢餓，並促進永續農業。如同馬斯洛的需求理論，人類最基本的需求是生存，解決飢餓問題，滿足生理需求，才能進一步追求永續發展。

在台灣社會的角落，仍有許多人為了三餐不繼而煩惱，小吃店老闆陳進興曾飽嚐餓肚子的苦，因生意失敗流落街頭，最難熬時，是土地廟供奉的糕點給了他一線生機。填飽肚子重新展開的人生，他在自助餐店學會手藝，自行創業後，五張桌的小店才剛開張就有個宏願：要讓曾和他一樣餓著肚子的人，有一餐溫飽，再重新振作。

每天排在小吃店門口領餐的老人、街友、弱勢家庭、失業者，上百個人有著上百個不同的與餓的故事，所以陳進興不限數量，每天來多少人，就發多少個便當。一直到疫情時，採取實名制領取，陳進興才準確算出，原來每天竟有兩百多人來領便當，到二〇二四年已倍增至發放近四百個便當。

疫情最嚴峻時，陳進興一度考慮停業，但一想到每天凌晨三、四點他出門採買時，就已有人飢腸轆轆等在門口，最終還是不敢停下來。最感動的是，有人像他一樣，吃飽了飯、重新站起來，沒有放棄自己，找到工作後，回來小店捐助待用餐。

SDG 2「消除飢餓」細項目標之一，是要確保所有人都有安全、營養且足夠的糧食，特別是窮人和弱勢族群。美國非營利組織發布調查報告，有數百萬青少年無法溫飽，有的甚至故意犯罪被捕，只為求得不愁三餐。義大利最高法院曾無罪開釋一名偷竊食物的流浪漢，理由是：一名飢餓的窮人，偷竊少量的食物並不是犯罪。「餓」也牽動著社會的「惡」，所以陳進興助人溫飽，能幫一個是一個。因為一頓飽飯，也可能是「向善」的起心動念。

◆不止充飢，更照顧弱勢營養

聯合國曾警告，到了二〇三〇年，全球將有超過六億人面臨飢餓，這為實現零飢餓的目標帶來巨大挑戰。

陳進興準備的待用餐便當固定有主菜有配菜，還考量到肉與菜的均衡，並避免長輩不易咀嚼的食材，菜色從不馬虎。

由於收入或資源分布不均，遭遇飢餓者，通常無法定期獲得健康均衡的飲食。SDG 2「消除飢餓」的另一項細項目標便是在二〇三〇年前，消除所有形式的營養不良。包括在二〇二五年之前，達成降低五歲以下兒童發育遲緩、消瘦的國際目標，並解決青少女、孕婦、哺乳婦女以及老年人的營養需求。

根據世界衛生組織定義，六十五歲以上的老年人口，占總人口比率百分之二十，即為「超高齡社會」。台灣在今年（二〇二五年）已邁入超高齡社會，陳進興觀察，領取待用餐以長者居多，其中不乏獨居老人，也有家屬推著輪椅前來的，最年長者已九十多歲。除了便當，陳進興還為長輩們多準備了一顆包子，讓老人家出門一趟，晚餐也有了著落。

待用餐便當有兩種，第一種的主菜通常是一塊滷肉或排骨、雞腿，加上三個配菜。另一種則是菜飯，以方便素為主。考量吃得飽也要吃得營養，每一個便當配菜都有紅、白、綠三種顏色。紅色是番茄、胡蘿蔔，白色是高麗菜、絲瓜，綠色的蔬菜天天變換食材與口味。而口感比較老、長輩不易咀嚼的筍子、菜豆、韭菜這些食材，就不會出現在便當裡。

國際樂施會二〇二一年發表報告指出，受戰爭和飢荒影響最大的弱勢族群，有打零工者、女性及流離失所之人。每年除夕夜，陳進興的小店，也會在歲末為弱勢族群送上祝福。他連續多年邀請七十歲以上長者與弱勢家庭一起來免費圍爐。由於人數太多，擠爆小店，一晚要翻桌翻到第七輪才足夠。陳進興陪伴近百人度過團圓夜，除了溫飽與營養，還有一份暖心。

◆合力扭轉危「飢」

開店之初，陳進興僅憑一己之力，希望以待用餐回饋社會。隨著名氣傳開，領取的人變多了，竟然開始出現領餐的人比付錢吃飯的人還多。待用餐一天菜錢高達一、兩萬元，有時一整個月的營業額都無法打平。在沒有盈餘的情況下，每每遇到難關，總有即時捐款讓小店能神奇地順利經營下去。捐款來源除了個人小額捐款、商會、政治人物，甚至也有美、日的慈善團體，透過網路得知後，跨海捐助。

陳進興也從原本自己一個人忙碌，到現在多了六位志工排班幫忙。一位八十歲幫忙包便當的志工，幾年前也曾排在陳進興的店門口領待用餐，後來環境轉好，便來當志工回報一飯之恩。一位排在領取隊伍中的阿伯，有一天捐出做資源回收微薄的收入，希望陳進興收下他的心意。就如店門口貼的話：「出外人難免會遇到困難，有需要就進來吃到飽不用錢，改天有能力再去幫助別人」。

聯合國將每年的十月十六日定為世界糧食日，希望喚起全球正視糧食和農業問題。而開小吃店的陳進興是從手邊的待用餐做起，凝聚眾力，試圖藉由善念與分享，終結飢餓。

TO DO LIST

★陳進興的 SDG 實踐

每天四百個待用餐，助人止飢度難關。

★我可以怎麼做？

✔ ______________________

✔ ______________________

《一步一腳印　發現新台灣》

【每天的上百個 A 餐】

▼影片這裡看▼

End hunger, achieve food security and improved nutrition and promote sustainable agriculture

SDG 3

健康與福祉

豬肉財醫師的熱血行動

人物　黃建財

文／李晴

有些人從小就立志當醫生，是因為醫生備受尊敬，擁有崇高的社會地位。但也有一種人走上這條路，是因為別無選擇。

黃建財，外號「豬肉財」，就是這樣一位醫生。他先天條件很差，幼時罹患小兒麻痺，右腳神經受損且無法恢復。他原本只想脫貧，搏一個翻身的機會，沒想到，一路苦讀當上醫生後，這條路反而帶他走入山林，為他人照亮醫療的暗角。他說，因為自己一路成長都比別人辛苦，所以更能體會「弱勢」在這世界上是多麼難以立足，於是踏上幫助貧苦人們維護健康的行善之路。這就是「豬肉財」醫生黃建財。

我第一次注意到他，是在網路上看到一位行動不便的醫生報名某個獎助金比賽。他希望擴大義診規模，幫助更多偏鄉病患。最吸引我注意的，是他那個十分「接地氣」的綽號

SDG 3

WELL-BEING

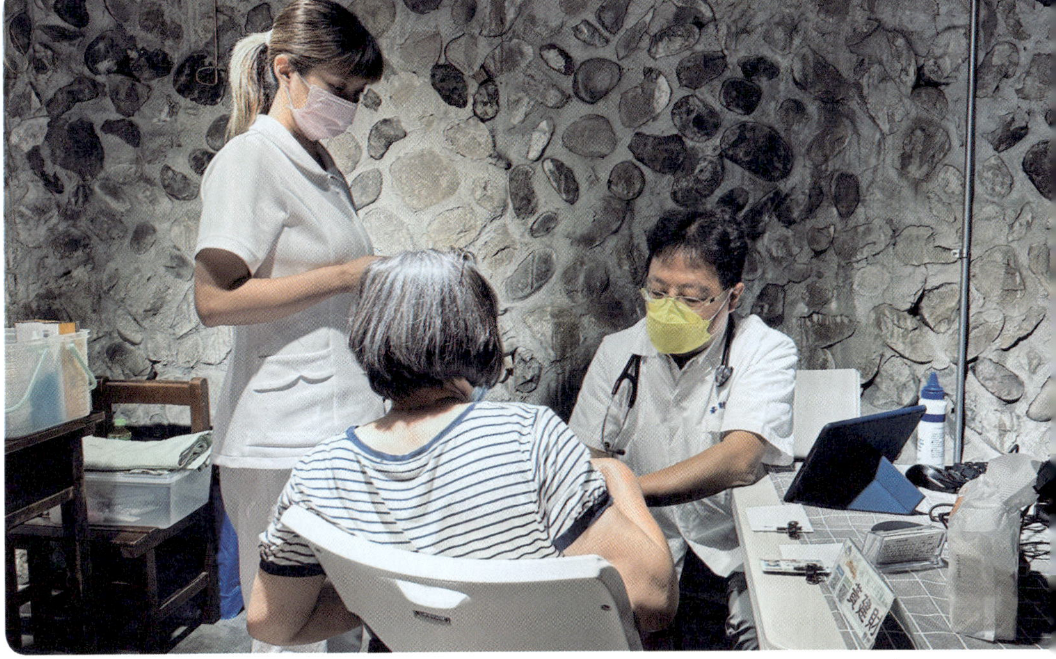

懷著當年來不及救治偏鄉癌末病人的遺憾，十年來，黃建財拖著小兒麻痺的雙腿，不停奔波於宜蘭山海之間，在各個無醫療資源的村落展開義診。

——豬肉財。

醫生與這樣的稱號並列，格外引人好奇。我打電話到診所聯繫他，沒想到被客氣地拒絕：「我做的事情微不足道，沒什麼好報導的。」但越是這麼說，我就越確定：這個人背後一定有故事。

那段時間，我不斷聯繫他。一會兒他在看診，一會兒又跑去山上義診。採訪過程斷斷續續，我花了不少功夫才拼湊出他的生命輪廓，並說服他接受採訪。

採訪那天，我們抵達他在宜蘭的小診所時，他正忙著整理醫療用品準備到山上義診，

GOOD HEALTH AND

他一邊把聽診器塞進背包，一邊指著診間角落那台老舊的超音波儀器說：「別看它笨重，以前可是陪著我上山救過不少人喔！」早期沒有預算添購新設備，他只能靠這台舊機器，加上一大袋物資，拖著不便的右腳，一步步地扛上山。

我們特別留意他的右腳。只見黃建財走路一跛一跛的，卻速度極快地往門口移動，然後俐落地把東西放進後車廂，我們也立刻跟上，一同前往宜蘭偏鄉。

我問他：「你自己走路都不方便，為什麼還願意上山義診？」

他停下手邊動作，緩緩說起自己的故事。開業初期，他曾遇到一位癌末病患，求診時已無力回天。儘管他傾盡所能全力搶救，仍舊沒能挽回生命。原以為醫生早習慣生離死別，但這場來不及的醫療，徹底動搖了他。

那位病患過世幾天後，家屬專程到診所感謝他，語氣哽咽地說：「我們知道他早就不舒服，總說肚子痛，但住太偏遠了，附近也沒有診所，結果一拖再拖就……但還是謝謝您，我們知道您已經盡力了。」

那一刻，他久久無法釋懷。他問自己：「我真的盡力了嗎？我還能做些什麼，才算是盡力？」

他開始查資料，才發現宜蘭三星、南澳、大同鄉等地，仍有不少「無醫村」。許多居民要看病，不是受困山區無法出門，就是得開兩個多小時車程到市區。也因此，有些人只能自行買成藥吃，導致病情延誤，甚至錯失救命的機會。

於是，他萌生了深入偏鄉義診的念頭。「如果我能早一點去他那裡，是不是結局就會不同?!」

最初，他靠著摸索和記錄，從宜蘭出發，一個一個地點巡迴。跟著他走過的那條義診路，我們才真正體會這件事有多困難。沿途山路蜿蜒，前不久才有坍方落石。要定期穿梭於這樣的環境中，並非浪漫，而是帶著風險與倔強前行，而這條路，他竟一走就是十年。

那天，我們開了兩個多小時，才終於抵達山區一處醫療站。等候的，多是慢性病患者。有肝硬化卻沒錢看病的年輕人，生活困難到連健保費都付不出的中年人，也有拒絕治療的獨居長者，為了勸對方吃藥、追蹤，黃建財撐著不方便的腿腳，一戶戶拜訪關懷。

我問他：「要救的人那麼多，救得完嗎？難道從沒想過放棄？」

他想了想，說：「看著生命流逝卻無能為力，當然會灰心。但我常想到以前在市場賣豬肉的爸爸。生活那麼困難，還是願意幫助更困難的人。我問過爸爸，我們都自身難保了，為什麼還要自討苦吃，爸爸常跟我說：做好事才有福氣。」

黃建財兩歲時因腸病毒併發小兒麻痺，從此右腳落下病根。那年代醫療不發達，父母對他最大的期望就是「可以養活自己」。小學時，他還沒長得比案台高，就已學會如何幫客人切肉、找錢。放學後，總躲在豬肉攤的一角寫功課。市場裡的人早已習慣喊他一聲「豬肉財」，那是名字，也是命運。父親望著他，語重心長地說：「如果不讀書，就去學雕刻，以後幫人刻墓碑吧。」

我問他為何沒有繼承豬肉攤？他笑說：「因為豬肉太重，爸爸怕我扛不動。」

那時的他，在心裡默默地問自己：「難道我沒有其他選擇了嗎？」

於是他拚命讀書，熬過嘲笑與歧視，考上台大與陽明公共衛生雙碩士，成為醫生。在大醫院歷練數年後，他選擇返鄉開業，陪伴父母，也照顧地方鄉親。

來看病的阿公阿嬤，許多是看著他長大的街坊，他們仍親切地叫他「豬肉財」，也總會放一袋包子或一個便當在他診桌上，怕他忙診沒吃飯。

他確實為了病人犧牲不少，有好幾年除夕夜都在診所度過。後來開始義診，更是幾乎全年無休，家人擔心他拋下診所，整天往山裡跑，是不是太「不務正業」。

他笑著說：「我只是盡一位醫生該盡的責任。早期發現，就有機會早期治療。救一個人，往往也救了一個家庭。既然是醫生，就不該放棄任何一個人。」

更令人動容的是，我們在山上還見到一群受到他感召的年輕護士與志工，自願加入巡迴醫療。他們說，是黃建財讓他們相信：「一個人的力量，真的能改變很多，能讓很多人都跟著動起來。」

黃建財走得慢，但走得遠。因為他知道，在那些被時間與地形遺忘的地方，總有人需要他。所以，他一跛一跛地往山裡走去，那是一個醫生的職責與選擇。看著穿梭在診間與山野間的他，我終於明白，他說的那句話的份量有多重——

「只要有心，一步一步慢慢走，總有一天，也能走到目的地。」

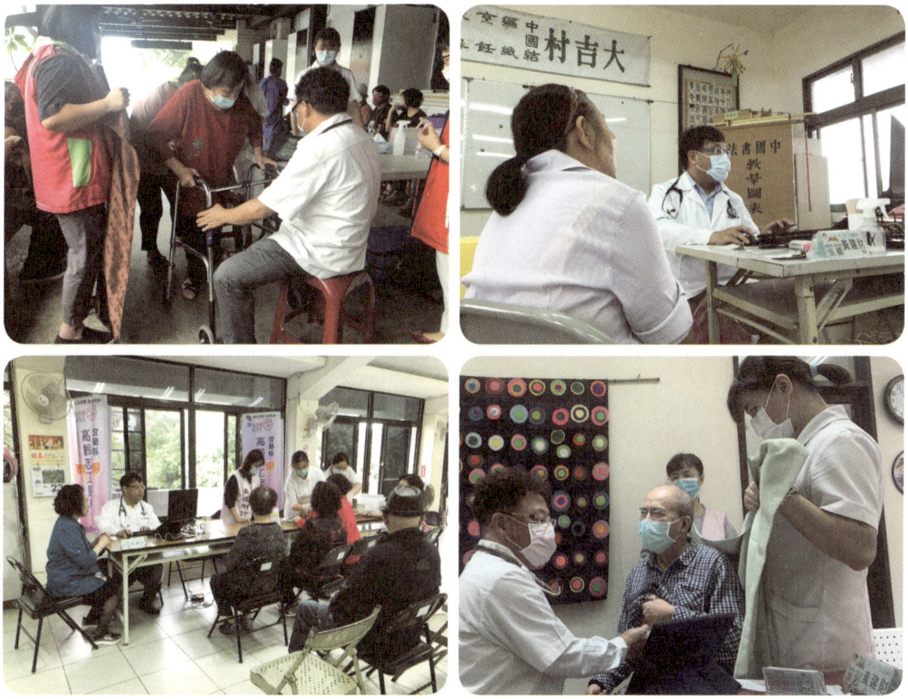

黃建財是肝膽胃腸科醫師，他的偏鄉義診提升衛教，促進疾病早期發現，山區原民部落的肝硬化比例也大幅下降。

能救一個是一個，因為救一個人，往往也是讓一個家庭得救。

——黃建財

SDG 實踐

文／徐沛緹

上萬次奔走，促進偏鄉疾病預防

SDGs 第三項目標「健康與福祉」是要確保及促進各年齡層的健康生活與福祉，涵蓋身體、心理、醫療、交通、環境等多個面向。而其中一則細項提及「二〇三〇年前，終結愛滋病、肺結核、瘧疾等傳染疾病，以及對抗肝炎。」

根據 WHO 發布的《2024 全球肝炎報告》，二〇二二年全球有一百三十萬人死於病毒性肝炎，平均每天有六千人罹患肝炎，肝炎已成為全球第二（僅次於肺結核）的致命疾病。而長期發炎增加罹癌風險，使得肝癌亦長期名列台灣十大致命癌症前五名，過去常被稱為國病。

黃建財是肝膽胃腸科醫師，十年前來不及救治家住偏鄉而延誤就醫的肝癌末期病患，始終心存遺憾，因而開始投入偏鄉義診。他每趟車程往返超過百餘公里，這也意味著在沒有醫療資源的偏遠鄉村，就醫十分不便。不少人為圖方便，自行買藥吃，耽誤了早期診斷。

SDG 3 健康與福祉細項亦將「加強藥物濫用的預防和治療，包括麻醉藥品濫用與有害使用酒精」納入實現目標。許多部落居民習於酗酒，喝出了肝病。原住民族委員會調查，慢性肝病及肝硬化，是原住民族的第三大主要死因。黃建財每回上山義診，總帶著超音波儀長期追蹤，只要揪出了早期病灶，便告誡病人喝酒傷肝，先是苦口婆心勸告，繼而嚇阻，只因肝是無聲的器官，若能初期預防，將更勝於晚期治療。

十年義診下來，黃建財發現，由於早期診斷，加上持續衛教，部落居民肝硬化的比率，明顯降低一半，長者平均壽命也隨之提高。但雖然近年來已逐漸減少酗酒、降低肝病，但因飲食習慣，偏鄉的三高明顯增加，黃建財要關注的醫治面向又更多了。

◆爭取醫療資源覆蓋

黃建財偏鄉部落巡迴義診不計錢財，十年救治近一萬人次，但他依然憂心台灣的醫療資源覆蓋不均。

聯合國指出，衛生保健的不平等現象仍大幅存在。COVID-19 的大流行和其他持續不斷的危機，阻礙了 SDG 3 健康與福祉的進展。實現醫療保健覆蓋全球的目標，包括取得高品質基本醫療保健服務的管道，以及所有的人都可取得安全、有效、高品質、負擔得起的基本藥物與疫苗。

台灣實施全民健保已近三十年，從地理位置來看，黃建財所處的宜蘭緊鄰台北，但他實際走入鄉村後才發現，濱海的漁村大溪、大里、石城等地，因地形狹長、人口不集中，可說是連診所都沒有的「無醫村」。靠山的大同鄉及南澳鄉部落，山嶺綿亙、惡水湍急，遇到落石坍方就交通阻絕，就醫更形困難，居民需開車一個多小時至市區就診，極易錯失治療的黃金時間。

在醫療資源覆蓋不到的地方，黃建財透過巡迴義診彌補不足，一位醫師的力量或許有限，但他仍熱血發願，能救一個是一個。行醫多年，他深知生病不是一個人的事，挽回一個人的健康，也是救了一整個家庭。所以黃建財一邊行醫一邊號召，邀集更多醫護人員加入義診行列，希望擴大偏鄉醫療資源覆蓋。

◆整合公益資源，擴大關懷範圍

一個人的力量有限，黃建財陸續集結了肝膽腸胃科、婦產科、眼科等三位醫師，和他一同前往宜蘭急重症醫療較缺乏的偏鄉義診。同時他正在籌組宜蘭第一個義診協會，希望藉由民間的力量，支援偏鄉醫療。黃建財還加入了公益團體生命線協會，近年擔任生命線協會理事長，為不便出門的病患到府看診。

陪同黃建財一起義診的志工康仕楷，是他的房客。看到康仕楷長期援救流浪狗，愛狗的黃建財將房屋無償借給康仕楷經營書店，而康仕楷則報以四處陪同黃建財義診。

兩人曾策畫了一場不一樣的部落義診活動，由於宜蘭縣政府文化局的行動圖書車，表達願意和黃醫師一起到部落，所以這場義診邀請了當地國小的二十多位學童一起來閱讀。於是就診的長輩有了孩子的陪伴，孩子們則跟著長輩一起讀繪本，活動多了老幼互動的溫馨。

此行黃建財還帶了生命線協會的志工，一起上山陪聊天、做衛教。偏鄉長年只有老人、小孩，子女多不在身邊，長輩們缺乏對象抒發心事容易憂鬱。世界衛生組織研究，二〇二〇年造成人類失能前十名的疾病，第一名便是憂鬱症。這也對應了SDG 3所囊括的「減少非傳染性疾病造成的死亡率，並促進心理健康」。

黃建財還籌備了公益路跑，要將報名所得捐給生命線、創世協會，並邀請救援毛小孩的公益團體來義賣。對黃醫師來說，診所是職業，公益是志業，最希望實現的是偏鄉享有基礎醫療服務，推廣「村村有診所」、「病有所醫」。而他也在義診的過程中，逐步整合身邊的公益資源，逐步擴大健康與福祉的關懷範圍。

TO DO LIST

★黃建財的 SDG 實踐

十年巡迴義診，救治偏鄉居民健康。

★我可以怎麼做？

✔ ______________________

✔ ______________________

《一步一腳印　發現新台灣》
【豬肉財醫師的熱血行動】
▼影片這裡看▼

Ensure healthy lives and promote well-being for all at all ages

SDG 4

優質教育
以科技翻轉弱勢的教授

人物 蘇文鈺

文／詹怡宜

SDG 4

「用幫助別人來找到人生方向？不要相信那種勵志小說啦，我只是想解決自己的問題，不想陷入當時的泥淖裡。」蘇文鈺教授第一次接受《一步一腳印》採訪時，回顧二〇一四年以大學教授身份走進嘉義東石鄉過溝一間小教會，開始為幾個貧窮孩子上程式課的經驗。

「泥淖？」他能陷入什麼泥淖？蘇文鈺那時即將邁入五十，是受人尊敬的成大資工系教授，不說人生勝利組，至少也是順利組。紐約大學電機系博士、史丹佛大學電腦音樂音響中心研究，投入學術領域多年，蘇文鈺愛動腦也動手，ＩＣ設計的研究成果很有機會商業化運用到矽谷創業賺錢。

理工腦的中年男子不是最會理性分析嗎？明明眼前一路順暢，但經歷過自己一場病和

大學教授走進偏鄉，親自教國中小學生程式設計與實作。蘇文鈺發現，以科技幫助偏鄉弱勢脫貧，是自己人生最想達成的事。

眼見幾位朋友陸續病倒之後，蘇教授腦子突然冒出許多關於人生意義的問題：「我在想，我繼續這樣做到退休，最後會留下什麼？」

直到他開始每週風塵僕僕開車載著研究生，從台南開到東石，帶著二手筆電現場實作指導偏鄉弱勢孩子寫程式，人生順利組的蘇教授真正認識那些所謂的弱勢，有人父母不見了、祖父母也過世了，每天只要能來吃一頓免費便當，還是願意認真坐在教室裡。「我告訴自己，蘇文鈺你在自怨自艾什麼？自認受過的傷根本不算什麼，孩子在告訴我，他們的

QUALITY EDUCATION

蘇文鈺教授成立 PTWA、舉辦全國自走車比賽、培訓科技師資，一群人便可以走得更遠。

生命還是很堅韌。」

他相信科技專業可以幫助這一張張臉孔獲得更好的機會，果然這段跟大學教室很不一樣的教學經驗，讓他看見認真學習與陪伴對偏鄉孩子的影響，第一批孩子，有讀到資工研究所的、有後來當了老師的，偏鄉「科技脫貧」確實有成果。以此為起點，蘇老師開始培訓更多老師和志工，將程式設計、3D電腦繪圖、自走車、甚至AI等科技，帶到偏鄉孩子們面前，成立了「中華民國愛自造者學習協會」（Program The World Association, PTWA）一路系統化向下扎根。

一旦投入，蘇教授沒有停止動腦筋。「孩子們沒有自信，是因為對自己所在的環境沒有自信。那我們來幫助他們認識家鄉。」於是二〇一七年開始有了「看見家鄉」計畫，指導學生空拍和影像紀錄，透過記錄家鄉故事，培養對家鄉的情感。後來在企業贊助下已另外成立台灣看見家鄉推廣教育協會。

除了程式與AI，蘇老師也推動「看見家鄉」計劃，協助孩子拍攝家鄉紀錄片，建立對土地的自信；此外也推動特教生的科技賦能。

二〇一九年，蘇教授又有另一個關注點。他在偏鄉看見還有一些人更是弱勢中的弱勢——特教生。那些因為溝通或社交障礙，總被認為智力低落的特教生們，其實在邏輯思維和圖像理解方面能被開發。蘇教授相信，透過電腦遊戲和視覺化的學習方式，打開他們的學習開關，能引導他們進入不一樣的世界。

這項發現再度點燃了他的熱情，積極與台南、台東大學的特教系合作，甚至主動找上教導國小特教生的美術老師李秉軒，結合電腦科技與美術運用在特殊教育上，成立PTWA「特教樂熟」班，從電腦繪圖到3D列印，設計課程、編寫教案，以科技陪伴這些「弱勢中的弱勢」。

當三年前《一步一腳印》節目以此為主題，第二度採訪蘇文鈺教授時，聽到蘇文鈺與李秉軒興奮地述說這些故事：「有個孩子有閱讀學習障礙，五年級了，寫不出自己名字，我們帶了一陣子，他現在很會做動畫，自信爆棚……」「有個國三生，中度自閉症，玩Minecraft，現在看他的電繪，我簡直嘆為觀止……。」

但我們也同時聽到蘇老師的感慨。募款的時候企業主說，「這個構想和理念不錯，但蘇老師，你們能照顧幾個學生？」蘇老師回答，二十個特教生。「蛤，二十個一年要一百萬喔？什麼時候可以有成績給我們看？」蘇文鈺不敢承諾，「特殊生就是慢啊。我不知道他們什麼時候突然就通了。」儘管真的有過好幾個令他興奮的案例，但是企業畢竟要看性價比，不是聽故事。

這是一條漫長的路。蘇文鈺明白，所有重視ＫＰＩ的企業都要看成效。他的評估是「好好陪伴教導，會有四分之一到三分之一的機率，讓特教生學習到能養活自己，從什麼都不會到進國立大學念書。」一年花五萬元經費在一個弱勢特殊生身上，這個數字值不值得？應該划算吧。「但你需要有耐心，等二十年。」

陪伴，以及耐心等待不一樣的結果，是蘇老師的教育想法，但也是為什麼募款工作如此不易。這位大學教授必須到處說明籌募經費，帶領老師志工們除了設計程式設計與電腦繪圖教案之外，也為特教孩子們準備各種個別化教學、視覺化與互動性、具體操作與實作遊戲教材。他們清楚這不是一件符合企業ＫＰＩ的事，但值得期待。因為這正是十多年前蘇教授決定走進東石過溝小教會的原因。

教育這件事上，恐怕真的很難理性計算、用ＫＰＩ指標來衡量。蘇文鈺至今記得自己國小三年級生病發燒時，那位溫柔的小學老師把他抱到家裡，放在舒適的小床上。「只要有一、兩件孩子覺得溫暖開心的事，他可以記得一輩子，那個力量可能支撐住每一個挫折的時刻，或許就是重新站起來的動力。」

這個一直留在小小蘇文鈺腦海中的畫面，正是後來蘇教授繼續走進偏鄉、每一年寒暑假辦科技營隊陪伴孩子的原因。這位科技理工男大學教授不是用數字理性分析、也不是用ＫＰＩ績效指標評估，但當有一天他再自問「人生最後留下什麼」時，我相信，留下的不只是幾個學生考上國立大學或到科技公司上班

> 看著這些偏鄉弱勢孩子們，我告訴自己，「蘇文鈺你在自怨自艾什麼？」自認受過的傷根本不算什麼，孩子們在告訴我，他們的生命還是很堅韌。
>
> ——蘇文鈺

的故事，而是那些留在許許多多偏鄉孩子與弱勢家庭特教生們的腦海中，即使長大多年仍將揮之不去的溫暖印象。

SDG實踐

文／徐沛緹

SDG 4「優質教育」確保有教無類、公平且高品質的教育，以及提倡終身學習。目標包括提供免費中小學教育、使人人獲得平等優質可負擔的學前教育、高等教育、具備就業技能、永續發展知識，與消除教育中所有的不平等問題。教育是實現許多永續發展目標的關鍵，當人們能夠獲得優質教育，就有擺脫貧困的機會。但若不採取積極作為，聯合國預計到二〇三〇年，恐將有八千四百萬兒童和年輕人失學，大約三億學生缺乏基本計算和識字能力。尤其COVID-19的發生，已擴大教育不平等的差距。

在台灣，教育部統計，一一二學年高中以下偏遠地區學校數，以國小共九百五十八所最多，占偏遠地區校數八成。國立成功大學資訊工程系教授蘇文鈺，看到了教育有到不了的遠方，但網路可以無遠弗屆，成立了「社團法人中華民國愛自造者學習協會」（PTWA），推動到偏鄉地區教導學童寫程式，希望藉此翻轉偏鄉命運。

◆消除地域不平等

蘇文鈺從二〇一四年便開始帶著學生走出校園，在中南部各縣市，培力偏鄉老師與志工群教孩子寫程式，推廣程式（Programming）與自造（Maker）課程，以教育消弭地域上的不平等。偏鄉學童懂程式語言，學會利用資訊工具解決問題，就有機會與世界接軌，習得一技之長，未來還有機會回饋家鄉。

ＳＤＧ ４「優質教育」目標之一，是消除教育上的性別差距，並確保弱勢族群可以平等接受各層級教育與職業訓練，包括身心障礙者、原住民以及弱勢孩童。

每年寒暑假，蘇文鈺的足跡遍及除了北部之外的偏鄉、外島舉辦營隊。程式設計、３Ｄ電腦繪圖、自走車、還有全球正當紅的ＡＩ，都是他規劃的教學內容。甚至還舉辦了全國自走車大賽，因應自駕時代來臨，讓青少年提早習得運用程式，撰寫自走車系統的馬達驅動控制、路徑規劃，學會如何在遊戲中使用ＡＩ工具。看到東西部科技教育資源的落差，蘇文鈺堅持，每年的自走車比賽，只在東部舉辦。

而為了減少城鄉落差，增加自我認同，蘇文鈺還推動了「看見家鄉」計畫，帶著偏鄉孩子學空拍機，從空中認識自己家鄉的美，製作成紀錄片，為偏鄉教育一併養成科技觀與人文觀。

◆促進身心障礙者受教權

ＳＤＧ４「優質教育」提倡建立適合孩童、身心障礙者以及性別敏感的教育設施，並為所有人提供安全、非暴力、有教無類、以及有效的學習環境。

「社團法人中華民國愛自造者學習協會」的兩大服務重心，就是偏鄉學童與特殊生。蘇文鈺在教學中發現，早年認為特殊生智力低落、不適合學電腦，其實是一種誤解。過去特殊生常有學習成就和人際交往的挫折，但自閉症孩子大多沒有智力問題，他們需要的是進入學習狀態的機會。

透過電腦從遊戲中學習，反而能成功吸引自閉症孩子的注意。不需與人直接溝通、沒有眼神接觸，發訊息會比直接面對面教學更為順暢，讓自閉症學童不再那麼排斥，也因此打開學習契機。

提高學習能力，特殊生的行為就能有所改變。這樣的進步或許很微小且漫長，但輕度智能障礙者，有機會學會獨立生活的能力。經驗發現自閉、過動、亞斯等特殊生，隨著年齡增長，有望透過學習減輕症狀步入常軌。這個成功的模式讓蘇文鈺感動，而他想得更深遠的是，根據統計有5％的學生屬於特殊生，但找到方法使他們自立，未來國家稅收用於照顧特殊生，也會隨之減少。

ＳＤＧ４「優質教育」亦提及，二〇三〇年前，確保所有的青年及大部分成年人，不論男性女性，都具備識字以及算術能力。最近協會針對特殊生，設計了以電腦遊戲學國語、算數，開始運用在花蓮玉里國小的特教生課程。以科技教授２Ｄ繪圖、３Ｄ建模、列印、動畫等教學方式，成功打開了特殊生的學習開關。

◆多元化教育陪伴成長

蘇文鈺用科技翻轉偏鄉與特殊生，五年間大約協助過一百五十位特教生學習，除了寒暑假，協會也開辦課輔班，以及進入偏鄉學校國中小的特教班到校教學，用科技教育陪伴上萬名孩子成長。看著教過的孩子陸續上學、就業，蘇文鈺認為他沒有教升學課程、不教就業技能、不強迫孩子一定學什麼，也不一定要成績好。他就是想用科技陪著孩子玩，教給他們認知能力，和對自己的安全感，包容接納每一個孩子成長的樣貌。

SDG 4「優質教育」目標細項之一，二〇三〇年前，確保所有學子都能獲得永續發展所需的知識與技能，包括永續發展教育、永續生活模式、人權、性別平等、促進和平與非暴力文化、全球公民意識、尊重文化多樣性，以及文化對永續發展的貢獻。

蘇文鈺和他的團隊，陪伴偏鄉和弱勢孩子長大，希望他們有個地方可以依靠、度過艱難的時間，慢慢安定下來，邁入學習軌道，長成身心狀態很棒的大人，變成社會穩定的力量，這也是蘇文鈺眼中的優質教育。

TO DO LIST

★蘇文鈺的 SDG 實踐
用科技打破時空限制，促進優質教育。

★我可以怎麼做？
✔ ________________________
✔ ________________________

《一步一腳印　發現新台灣》
【以科技翻轉弱勢的教授】
▼影片這裡看▼

Ensure inclusive and equitable quality education and promote lifelong learning opportunities for all

SDG 5

性別平權

二手褲的農村再生

人物　張凱琳

文／徐沛緹

SDG 5

服裝設計師張凱琳為了愛，從繁華的香港嫁到台灣的樸實農村。她身上穿著自己設計的牛仔二手衣，袖口的抽鬚，靈感就是來自於農民的簑衣。

一九八〇年代是香港製衣業的黃金年代，成衣出口一度位居世界第一。一九九〇年代，香港已是繁華的國際金融中心，到了兩千年後，學服裝設計又赴歐洲留學的張凱琳，回到香港成了服裝設計師。這位生長在時髦大都市的女孩兒，二〇一六年為愛嫁來台灣。

我們採訪那天，張凱琳穿著牛仔夾克搭短裙、短靴，穿梭夫家位於桃園大溪農村裡綠油油稻田中的紅瓦屋，時髦女孩兒成了農村裡的另一道風景。為愛從高樓林立又快節奏的香港，嫁到有著全然不同風貌的農村，張凱琳是到台灣旅遊時，透過台灣朋友介紹，認識了另一半黃榮將，在通訊軟體還沒那麼發達的年代，他們還曾透過手寫信往返的老式浪漫互訴情衷。

由於另一半承接了家中的工程事業，各種大型機具還是得停放在鄉間才有空地，張凱琳決定移居台灣農村。她剛到新環境，其實很迷惘，不知道年輕的自己能在鄉下做些什麼？怕看不到未來、更怕自己讀那麼多書，工作經歷也不錯，還曾經在香港出過好幾本服裝書，難道事業就因為結婚而告終？

張凱琳想過到台北服裝業求職，但從鄉間小路走到公車站，要花上二、三十分鐘，再一路轉車到台北，全程快兩小時路程，一天四小時往返，長期下來恐怕又無法兼顧家庭。

但農村求職並不容易，張凱琳五十出頭的婆婆原本在電子工廠當作業員，前幾年一度離職回家休養，隨著工廠外移，工作機會減少，重返職場落空，只好失望的賦閒在家。

張凱琳觀察，農村婦女的生活大多是幫忙農事、照顧家庭，閒暇時串串門子聊天。她買來一台縫紉機，為了婆媳倆能縫縫補補，做些手工，打發時間用。直到有一天，她參觀了附近公益團體的舊衣回收站，堆積如山的舊衣嚇到她了！「原來大家買那麼多衣服，最後就丟在這邊。」

GENDER EQUALITY

張凱琳將清洗乾淨的二手牛仔褲重新裁剪、車縫，設計出新的包包、衣物等再製商品，不僅解決了舊衣過剩的問題，也增加了農村婦女的就業機會。

張凱琳想到過去在香港做童裝設計，一年要畫出四、五百件之多的款式，每個月都要有新品上市，不斷刺激著消費者添購新衣。而那些成堆被丟掉的舊衣，都曾是設計師的心血、消費者的心頭好，最終的命運都只能是不再被愛，而被丟棄嗎？張凱琳萌生了一個同時解決舊衣過剩和農村就業的想法。她透過知名品牌募集二手牛仔衣物，送至社福團體的庇護洗衣工廠清洗整燙，再將乾淨的衣物重新裁剪、車縫，設計出新的包包、衣物等商品。

牛仔布取得容易，布料堅韌，不顯陳舊，也不易因拆解而損壞。而要讓舊衣新生，一群左鄰右舍的婆婆媽媽就是最好的幫手。張凱琳從教婆婆開始，在鄉間舉辦舊衣改製培訓和工作坊，把附近的農村婦女都邀來學縫紉。二〇一八年，一個「聘請在地弱勢團體和二度就業婦女，以舊衣升級改造重新設計，並於偏鄉建立創新產業為方法，解決舊衣過剩環境問題」的社會企業由此誕生。

張凱琳將夫家閒置的紅磚老屋改為工作室，有訂單時再按件計酬，請鄰里們來幫忙。剛開始，婆婆對自己的手藝還不太有信心，張凱琳帶著她從改造小包包做起，結果婆婆愈做愈有成就感，還做出了好多小東西分送親友，心情也跟著開朗起來。

曾經有一筆趕時間的大訂單，一次要做五千個口罩套，張凱琳緊急找來附近六位阿姨幫忙，但每位長輩程度不一，時間又倉促，本來很擔心出狀況，但有位技術比較好、曾經做過打版的阿姨，不斷給出建議，最終帶領大家一起完成。每位阿姨都很開心有工作、有收入，還能聚在一起聊聊天。有位年輕的媽媽也曾中午接孩子放學後，就到張凱琳的工作室來幫忙，藉以貼補家用。我們拍攝時，紅瓦厝裡就正響著縫紉車，伴隨著婆婆媽媽的聊天，時而加上孩子的讀書聲，熱鬧的交錯著。

工作室多了幾位婆婆媽媽幫忙後，張凱琳將目標訂為二手衣升級改造量產化，帶著大家一起讓被丟棄的二手衣翻轉命運，重新變成可用之物。在此之前張凱琳並不知道，一九六〇、七〇年代的台灣曾經有過「客廳即工廠」的家庭代工風氣，帶動了經濟起飛；現在的她則帶著一群農村婦女，也在自家找到再度投身工作的機會。這讓張凱琳看到「原來這邊有人需要我，就例如說一些中年阿姨們，她們可能年紀不是很大，可是也因為這邊偏鄉的環境，找不到工作。那我來到這邊，就可以讓她們有一個選擇，重新投入事業。」

二〇二〇年，張凱琳生下一對雙胞胎女兒後，忙於育兒，再加上疫情影響，刻意將工作量減半，直到二〇二三年女兒上學了，才又恢復工作。她的工作室還是繼續回收舊衣再製的工作，只是從一開始的自行改造販售，現在已擴大合作對象，陸續和社福團體、公部門、銀

張凱琳從教婆婆開始，在鄉間舉辦舊衣改製培訓和工作坊，邀集附近的農村婦女都來學縫紉，已有多達 1,700 位學員陸續接受培訓，改造了超過一萬多件商品，幫助許多農村婦女經濟自主。

行等具有永續理念的單位合作，開設舊衣再製課程，傳遞愛物惜物的觀念。知名的食品業和百貨業也找到她，一家食品業者就請張凱琳將員工的舊制服改製為杯墊，送給消費者當伴手。另一家法國服裝品牌，則捐贈出過季商品衣，委請張凱琳改造成漁夫帽，捐贈癌症基金會，讓化療掉髮的癌友帶上美美的帽子。這些事讓張凱琳充滿了留在台灣農村的正念與動力，也讓她有機會將舊衣物和農村女力再利用，巧妙變成循環經濟下的一股潮流。

> 原來這邊有人需要我——一些中年的阿姨們，她們可能年紀不是很大，可是因為偏鄉的環境，找不到工作。
>
> 我來到這邊，就可以讓她們有一個選擇，重新投入事業。
>
> ——張凱琳

SDG 實踐

◆為快時尚產生的環境問題找解方

文／徐沛緹

SDG 5「實現性別平等，並賦予婦女權力」旨在呼籲終結所有對婦女和女童各種形式的歧視、消除各個領域對女性的各種形式暴力，以及確保婦女能充分有效參與政治、經濟、公共決策，並在各層級都享有參與決策領導的平等機會等面向。從香港嫁到台灣農村的張凱琳以她的時尚設計專長，幫農村婦女找到工作與經濟平權的機會，還解決了快時尚產生的環境問題。

United Nations Environment Programme (UNEP) 調查，時裝業是水資源消耗第二大的行業，且佔全球碳排放量的百分之十，甚至比全球空運與海運的總排放量還要多。Business Insider 新聞網站報導，每年有百分之八十五的紡織品，被遺棄在垃圾場。洗滌織物時會產生五十萬噸的微纖維流入海洋，相當於五百億個寶特瓶。

對於快時尚所產生的環境問題，張凱琳是逐漸意識到。「一開始有人問我是為了環保還是什麼？但我沒有那麼偉大，只是覺得做出來的產品很有趣。因為我們蒐集回來的每件衣服都不一樣，於是在製作過程裡，只能去猜它可能長成怎麼樣？這個無法完全預計的感覺很有趣。」然而在她動手改造舊衣的過程中，也正是永續觀念崛起時，全球都在試圖遏止資源浪費，張凱琳也做出了一些成績。幾年下來，她和農村的婆婆媽媽們已經使用超過五噸回收舊衣褲、改造超過五千件舊衣，使其搖身一變成為新的包包、衣服、帽子，改造出超過一萬三千件的商品，為時尚找到一個創新又永續的解方。

◆開辦在地技職培訓班，為農村婦女自我賦能

台灣農村過去受到男主外、女主內的家庭結構影響，女性多負責家務、育兒與農事輔助工作。行政院主計總處二〇一八年在「從農業普查看農家婦女角色之轉變」的報告中指出，農村婦女對於農務工作的貢獻常被低估或忽略，猶如無聲的配角。近年隨著青壯人口外移，農業經營有老年化，以及婦女化的趨勢。家政班、田媽媽培訓班增加了農村婦女的技能與就業機會，然而在她們的角色日漸轉變之時，進行非農業事業的婦女仍是少數。

張凱琳在農村的非典型創業，開辦了超過一百小時的舊衣改造工作坊、有一千七百位學員陸續參與，培訓婦女二度就業超過七十小時、學員共計十五人。張凱琳帶領婦女從低技術性的服裝拆解工作開始，慢慢學會車縫、設計，讓農村的二度就業婦女、中高齡失業者及身障人士，能在離家不遠的地方找到工作，重新投入社會。

工作室陸續聘請了超過十位農村婦女加入，二〇二〇年每位加入工作室的婦女，平均每月得

張凱琳覺得設計漂亮衣服的設計師很多，不需要再多她一個。而她能做的，是帶著鄉村裡的婆婆媽媽們，透過自己的雙手找到自信，走出農村，邁向國際。

到八千元收入補貼生活。一位阿姨曾在一筆大訂單後，收到八萬元酬勞，她開心的告訴張凱琳，有了收入她終於可以做自己想做的事，經濟自主不用向子女伸手。婆婆媽媽們有了一技之長後，也有了自信，自我價值得以實現。

自從升格當媽，張凱琳明顯察覺自己的思考和動作都不如從前，花了好一段時間才重新找回工作的感覺。感受到婦女產後以及隨著年齡的身心變化，張凱琳更希望再投入職場的女性，擁有更多彈性和可能。

◆攜手婦女從農村邁向國際舞台

張凱琳曾應邀帶著作品，回到家鄉香港參展。「有位阿姨做了一些包包，讓我帶去香港販售。有位外國人買了她的包包，我就拍照給她看，她非常開心，因為完全沒想過只是自己在家做的東西，也可以賣給一個外國人。」張凱琳想，設計漂亮衣服的設計師很多，不需要再多一個她；但她能做的是，帶著婆婆媽媽們，透過雙手找到自信，走出農村、邁向國際。

從前在香港總為設計熬通宵，現在的張凱琳早已習慣農村清晨即起的生活，不需要遠赴大城市工作，也能兼顧家庭與事業。在這看似遠離潮流的地帶，張凱琳用針線引領婦女重新織出價值，實現了不論身處何地，都能有自主選擇生活方式的權利。

聯合國婦女署發佈的《二〇二三年性別概覽》以「世界正在辜負女孩和婦女」示警了令人擔憂的景況。預計到了二〇三〇年，將有超過三．四億的婦女和女童（估計佔世界女性人口的百分之八）生活在極端貧困中，且近四分之一的婦女和女童，將面臨中度或重度糧食匱乏。目前，在職場上無論是權力還是職位，性別差距仍然根深蒂固。下一代婦女平均每天花在無償照顧家人和家務勞動的時間，仍將比男子多二．三個小時。

性暴力、性剝削、無償照料家務等不平等的分工，仍是性別平權的巨大障礙。這所有的不平等在二〇一九年新冠疫情大流行後，都更雪上加霜。按照目前的發展速度，恐怕要再三百年才能消除童婚、再兩百八十六年才能消除歧視性法律、再一百四十年才能讓婦女在職場上實現權力和領導地位的平等、再四十七年才能在國家議會中實現平等代表權。

然而，這些巨大的落差，並非難以追趕。這全球正共同面臨的問題，在台灣鄉村，有張凱琳帶著一群農村婦女，正為了「實現性別平等，並賦予婦女權力」發揚女力。

TO DO LIST

★張凱琳的 SDG 實踐

攜手農村婦女，實現工作與經濟平等。

★我可以怎麼做？

✔ ______________________________

✔ ______________________________

《一步一腳印　發現新台灣》
【二手褲的農村再生】
▼影片這裡看▼

Achieve gender equality and empower all women and girls

SDG 6

淨水與衛生
一輩子的投入 水草伯

人物 吳聲昱

文／吳奕慧

要介紹吳聲昱這個人，很容易也很不容易。不容易的是，他實在有太多頭銜了，像是「台灣萍蓬草復育專家」、「水生動植物專家」、「人工溼地復育專家」、「台北赤蛙之父」，也有人稱他「田中博士」，因為初中畢業曾是瓦斯工程包商的他，竟然靠著自學與野外採集踏查成為自然生態專家，他懂的領域太深太廣，見解深刻，甚至勝過不少學者。若要簡單用一句話形容他，那便是「呆呆做事的人」。我們採訪吳聲昱時，他也常掛著傻笑，如此自我解嘲。但如果不是這樣的特質，恐怕也無法像他這樣一路堅持為生態和環境付出，長達三十多年。

吳聲昱從「黑手」變「綠手指」的人生轉折很有意思。三十多年前的某一天，他在台北市的路邊施作瓦斯工程時，恰巧遇上擔任國小自然老師的小學同學，同學知道他從小愛

SDG 6

SANITATION

幫兒時玩伴找上課用的水草，卻成為吳聲昱從「黑手」變「綠手指」的人生轉折點！他展開了水草復育之路，為生態和環境付出已長達三十餘年。

玩，喜歡「拈花惹草」，於是詢問他能否幫忙找一種兒時常見的水草以供教學之用，豪爽的吳聲昱不假思索一口答應，但真的回鄉尋找，才發現環境早就變了，當年隨處可見的植物竟已變得「罕見」，只能勉強找一些來交差。沒想到，之後同學又繼續找他詢問……他想道：「既然這對學校教學如此重要，不如我自己來種！」其實那時他也剛好厭倦了危險性高的瓦斯工程工作，於是便毅然決然回鄉，找了份倉管工作養家，其餘時間開始在自家田區種水草。這舉動可氣壞了母親，媽媽想不透兒子怎會在

CLEAN WATER AND

田裡種「雜草」，甘願「不事生產」呢？還好當年還有妻子可以理解吳聲昱的傻勁和堅持。

「我開車出門都會拍拍空著的副駕駛座，我覺得她還是像以前一樣……」採訪這天，在一起去看復育田區的路上，吳聲昱老師忽然迸出這句話。他語氣平淡卻飽含著思念。因為妻子是他一路上最好的搭檔和夥伴，雖然並未加入研究，但一直默默相挺。當初吳聲昱開始種水草，為了徹底了解所有的水生植物，他跑遍全台灣，要把書中記載的三百七十四種水草全找出來，過程整整五年。這期間，妻子無怨無悔的陪著他上山下海，又跟著去調查全台八大污染河川，甚至後來他自辦水草展覽，遭受學界質疑專業度，妻子也相挺到底。

所以即使妻子因病離世多年，吳聲昱依舊在心中替她保留了最重要的位置。

還好，這幾年有人接續了妻子的工作，那是孝順的女兒，只要有空就會陪著老爸一起推廣環境教育。

而說到對守護生態和環境的堅持，除了源自吳聲昱本身對大自然的熱愛之外，也是因為那些年對水草和河川的研究，當他了解越多就越覺得拯救環境是刻不容緩的大事。所以他從復育原生種的台灣萍蓬草開始，深入研究水草的特性，進而發現其中一百二十五種水草有淨化水質的功用，既然如此，是不是能用最自然的方式來讓大自然「恢復自然」呢？於是，吳聲昱整理多年踏查記錄的資料和知識，將自然淨化的原理結合易經八卦、陰陽調和理論，利用地形高低落差、渠道引水等作法，施作了台灣第一座人工濕地，生態果真慢慢恢復。吳聲昱還想做更多，他照顧水生植物也挑戰復育瀕臨絕種的動物，像是雷公蛙，

除了復育水生植物，吳聲昱還在夜晚守著池塘，錄下蛙鳴聲持續觀察。他也真的把台北赤蛙和赤腹游蛇都找了回來！

這真讓我們大開眼界了！

「啾…啾…」深夜跟著吳聲昱在他的復育基地找雷公蛙時，我們以為這聲音是蛙鳴。「這是我的聲音，我學牠們的聲音跟牠們打招呼。」果真，話才說完，我們便聽到蛙兒們的細細回聲。太神了吧！吳聲昱笑說，這一點都不奇怪，當初為了復育雷公蛙做了很多研究和觀察，也為了能和牠們「溝通」，每晚守著池塘錄下蛙鳴，再以說腹語的方式模仿，事實證明，還真能「對話」呢！吳聲昱讓我們見識到什麼是好奇心與熱情，而也正是因為如此，才能走到今天，擁有

由吳聲昱主導設計的新竹頭前溪水質淨化工程，以他提出的水草排汙原理，獲得「環保署全國示範工法」首獎。他也走進校園，協助企業與社區居民，倡導「自家汙水自家清」。

近年吳聲昱無償教導返鄉青農投入水生蔬菜與植物種植，希望提升青農的技術與收入，也能多培育一些水生植物的基地。

無可取代的專業。民國九十三年，新竹頭前溪的水質淨化工程就是由吳聲昱設計主導，工程運用他自己研究出的原理，引水到十個種有不同水草的水池進行過濾，當初這還獲得「環保署全國示範工法」首獎；此外，他走進社區教學，教導鄉村居民在自家庭院或田邊做淨水生態池，自家汙水自家清；他還幫全台超過五十所國小整頓生態池，讓孩子能更親近自然，了解守護生態的重要。現在，已經七十多歲的吳聲昱依舊衝勁滿滿，近期又無償教授返鄉青農投入水生蔬菜與植物產業，例如水生荸薺、芋頭、睡蓮、菖蒲等，成為契作經濟作物，希望提升青農技術與收入，也多培育一些水生植物的基地。

「一個人沒有用，很多人一起呆，就會出名。」我永遠都記得吳聲昱說這句話時的神情與憨直卻真摯的笑容。愛護環境光靠一個人沒有用，他會如此投入就是希望用各種方法號召更多人一起加入，這樣愛護土地環境的影響力才會擴大！

這是他堅持一輩子，也踏實實踐一輩子的理想。

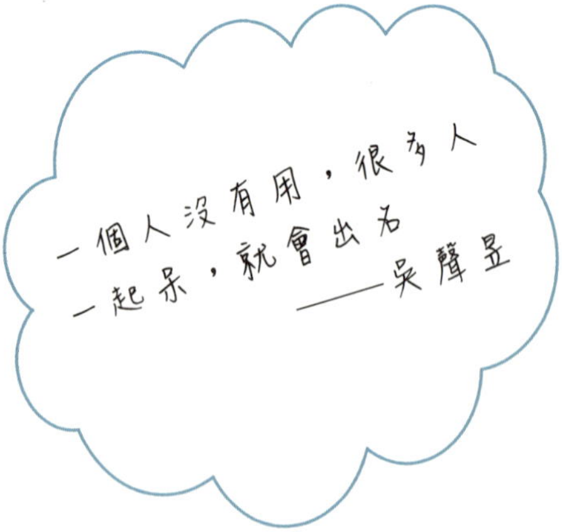

SDG實踐

文／徐沛緹

◆成功復育百種水生植物，用水草救地球！

SDG 6「淨水與衛生」目標是人人享有乾淨、可負擔的水資源與衛生設施。核心精神包括減少缺水問題、實現所有人都能獲得安全且可負擔的飲用水、改善水質汙染、保護及恢復與水有關的生態系統、水資源再利用，以及強化地方社區參與，改善水與衛生的管理等細項。

吳聲昱為了幫兒時玩伴找水草，供他課堂上教學使用，回到桃園老家採集，卻看到了河川惡臭、兒時的埤塘所剩無多，養殖池裡的外來物種，大量掠奪了水生植物的生存空間，於是展開了他的水草復育之路。

從水面探出小巧黃色花瓣的萍蓬草，屬於睡蓮科，是台灣特有種，可減緩埤塘水分蒸散、匯集生物維持生態平衡，並淨化水質。舊時桃竹苗的客家庄築堤時，常用以穩固堤防，避免潰堤。

吳聲昱復育的第一步，就是將瀕臨絕種的台灣萍蓬草種回來。接著他走遍台灣大小河川、濕地，尋訪稀有植物「鹵蕨」，它只生長在花蓮富里一帶，依泥火山地質而生，為了克服氣候和土壤的差異，吳聲昱花了五年育苗才終於成功。在吳聲昱的生態池中，曾有多達三百多樣不同的水

在吳聲昱打造的生態池中，有多達三百多樣不同的水生植物，為台灣水草保留了種源。

生植物，為台灣水草保留了種源，延續他傳承生態教育的初心。

在走訪濕地的過程中，除了水生植物，吳聲昱還復育了水生動物雷公蛙（學名「台北赤蛙」）、赤腹游蛇。他曾接受桃園市政府農業局委辦的台北赤蛙棲地改善委託案，經過環境生態調查及改善，被農委會列為保育類二級的珍稀動物，台北赤蛙原已消失，竟真的再度現蹤！

SDG 6要在二〇三〇年之前，保護及恢復與水有關的生態系統，吳聲昱用水草實踐了救地球。

◆自然工法淨化水質，減少排汙

以最自然的工法淨化水質，讓河川重拾清澈生機，吳聲昱復育水草以來，最常聽到人們說，水草是不起眼的雜草、沒有經濟價值。但其實水草的種類繁多，約有四百多種，有的是觀賞用，有的可改善生態環境，也有的水草可提供生物棲地，各有不同功用。

為了找尋水草，吳聲昱從北到南走訪濕地與河川後，一一記錄下幾大受汙染河川的型態，他調查發現，基隆河多是油汙、淡水河常見生活汙水、桃園河川多有工業區汙水排放、中部河川農業汙染較多、高屏溪流藻類汙染多、西螺一帶河川則有泥沙汙染。不過在受汙染的河川中，仍有水草存活，這就代表著水草能夠強勢消化汙染源！

例如蘆葦生長於出海口，耐酸、耐鹼，適合整治生活汙水和工業污水；布袋蓮吸附功能最強，能為河川吸附重金屬。吳聲昱整理出上百種水草對於水質淨化的改善功效，運用「一草一生物，一草一功能」，以相生相剋的道理，依照四季變換種植水草，為河川清汙。他以水草生態工法成功排汙，整治並綠美化河川的成果，已包括：桃園八德埤塘生態公園、大嵙崁人工溼地，以及榮獲公共工程品質獎第一名的新竹頭前溪生活污水處理與棲地營造。

曾有一家知名高科技大廠，邀請吳聲昱協助解決工廠廢水問題。吳聲昱在廠內建置生態池，種植睡蓮吸附工業廢水。不久後，池中優游的魚兒，證明水質順利淨化。吳聲昱成功以自然工法，為高科技大廠洗刷了排放工業廢水的汙名。

SDG 6要實現二〇三〇年以前，減少化學物質和傾倒廢物所造成的水汙染，並妥善處理廢棄物改善水質，提高全球水資源回收率與安全再利用率，吳聲昱對此可說也貢獻了一己心力。

◆與企業協力，搶救埤塘

吳聲昱的家鄉桃園，素有「千塘之鄉」的美名。桃園屬台地，因河流較少，為了便於耕作，百年前人們開拓埤塘蓄水，用於灌溉、防汛，形成獨特的濕地生態。桃園地區綿密分佈的埤塘及水圳，數量之多、密度之高，是世界上少有的景觀，亦建構出該地的自然生態體系，與聚落生活文化。

都市開發後，桃園原有的上萬個大小埤塘，如今只剩兩千多個。而一座埤塘就是一個濕地生

吳聲昱跑遍全台，找出上百種水草，盼能改善水質。他主張以最自然的工法恢復水源潔淨。

態，若遭破壞可能半世紀都難以復育。吳聲昱將水生植物復育結合埤塘維護，積極走入校園與社區，推廣生態教學。他曾協助多所學校整頓校內的生態池，也在社區推動埤塘環境議題工作坊，帶著大家實地踏查，了解埤塘文化。

這幾年結合永續議題，吳聲昱遇到更多願意一起保護埤塘的同伴。他規劃企業認養方案，由他負責維護埤塘，企業則有望獲得碳權，目前已有十多家科技業企業加入認養。

氣候變遷與全球升溫，正預示著水資源的短缺加劇。聯合國統計，全球對水的需求，已經超過了人口增長的速度。世界上一半的人口，每年至少有一個月，將經歷嚴重的缺水危機。SDG 6「淨水與衛生」許諾的是一個不缺水的未來，而吳聲昱以一池水草，帶動社區與企業的參與，共同強化了水與衛生的資源保育。

TO DO LIST

★吳聲昱的 SDG 實踐

復育百種水草，淨化河川水質。

★我可以怎麼做？

✔ ______________________

✔ ______________________

《一步一腳印　發現新台灣》
【一輩子的投入 水草伯】
▼影片這裡看▼

Ensure access to water and sanitation for all

SDG 7

可負擔的潔淨能源
拼一百分養豬場

洪崇拼

文／詹怡宜

SDG 7

CLEAN ENERGY

《一步一腳印》的採訪團隊中，主播吳安琪的報導向來很有風格，她的聲音和表述方式，聽過一次就能記得。

也因此，每當提到這家養豬場，我總會記起安琪在報導中描述要進去看豬肉時，換裝、換鞋、戴帽子、戴口罩的麻煩過程。她的旁白很有趣：「我們小心翼翼，不是去看幾吋晶圓，而是看豬肉。」生動傳達當時她內心真實的想法——有必要嗎？不過是拍個法蘭克福香腸的製造過程，三久牧場搞成這規模、這氣派，怎麼像是要進高科技廠的無塵室似的？

但我相信，若不是安琪完整記錄下這段訪客進入廠區的繁瑣過程，實在很難把老闆洪崇拼名字裡的這個「拼」字說得清楚。

「三久無毒豬」的創辦人洪崇拼是全國神農獎得主，除了友善畜牧的養殖理念外，他也力拚循環經濟永續模式。

AFFORDABLE AND

影片中洪太太曾貴美一步步指導示範如何穿戴這些防護裝備，從頭上的帽子直到分成兩層的下半身衣服，務求將毛髮等可能帶入的污染物完全隔絕。安琪點出一個狀況：「看到我衣著上的破綻了嗎？手錶忘了摘。」還好他們特別設計的衣服把口袋都縫在內裡，有辦法以這種不會污染的方式放進口袋。即使是在同一個養豬場內，若要移動到不同的工作區域，也需要再次更換整套隔離衣，甚至每次更換前還要仔細刷掉可能沾染的毛髮。整套繁瑣流程不嫌耗時耗力，只為避免任何污染的可能性。

這怎麼可能是養豬場？養豬通常不是擁擠、髒亂、臭氣薰天嗎？照豬養不是最輕鬆嗎？洪崇拼本來是做建材生意的，還不是普通成績，他是亞洲最大的鐵捲門製造商，台北捷運的防水捲門也是他的作品。當初為了回報哥哥種田供他讀書的恩情，他將農地改建為經濟效益更高的養豬場送給哥哥，但哥哥希望他回來管理，於是洪崇拼才開始投入。親身經歷後，他才知道原來想要企業化養豬，打造一個不用抗生素的理想豬場，不是那麼容易的事，更不用說要符合他的標準了。

洪崇拼的標準是什麼？簡單說，就是一百分。不是達標就好、也不是儘量做到好，是一百分。

年輕時以數學滿分考上台北工專的優秀學生洪崇拼，果然再度以建材業累積的嚴謹態度和對細節的極致追求，將養豬場的衛生管理提升到前所未有的高度。然而養豬場才經營不久，就遇上台灣口蹄疫的大挑戰。他跑遍各式養豬技術講習，接著嘗試解決各種問題：

豬舍建築的動線不夠理想，他就拆掉重蓋、豬隻排泄會造成汙染，他就去考執照，自家設立汙水廠，並回收沼氣利用；擔心現成飼料品質不明，洪崇拼甚至自己規劃蓋一座飼料生產線。

有人可能會認為洪崇拼這種決心與氣魄，該是來自口袋夠深吧？但我更相信，是態度決定口袋的深度。

首先，他的飼養哲學不光在成本利潤的計較，而是「以豬為本」的動物福利。在安琪與攝影曾福強拍攝的影片中，我們就看到不同階段豬隻的生活環境。由於大豬怕熱、小豬怕冷，即使住在同一個空間，地板的設計也不同，一邊通風、一邊保暖。活潑好動的仔豬，更享有專屬的蹦跳空間。而生產後的母豬，則需要休養生息。豬舍裡播放莫札特的音樂，並從西德引進小球、鐵鍊等玩具，讓小豬們可以啃咬玩耍。洪崇拼曾專程前往丹麥、荷蘭等地觀摩歐洲的群養牧場，不惜投入四億成本拆除豬舍狹欄，改建為讓豬隻可以在整個畜舍自由活動的寬敞空間。

為了豬隻健康，牧場自家調製營養配方飼料，搭配益生菌、酵素、維生素與礦物質，並以自動餵飼站確保每頭豬隻都能獨立進食。飲用水則是引用濁水溪深層過濾的砂質水。從育種到分娩，採用一條龍的生產模式，牧場的豬隻育成率要努力拚到百分之百。

除了友善畜牧提高動物福利的目標，洪崇拼在意的另一個成績是環境永續，希望設法達到循環經濟的最佳效果。

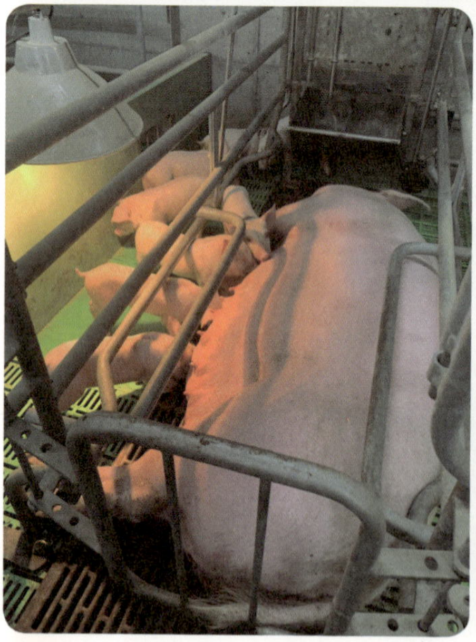

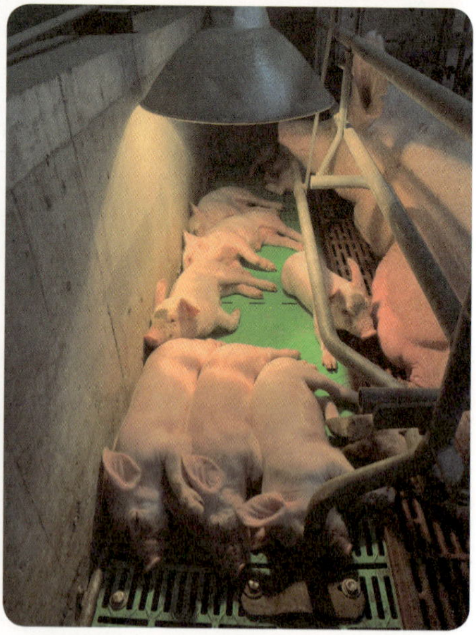

1 | 3 2

1：豬隻的排洩物透過沼氣儲存槽與發電相關設備，轉化為電。
2：母豬分娩舍的保溫燈電力就是來自沼氣發電。
3：大豬怕熱，小豬怕冷，同一個空間中，小豬的上方需要保溫燈照顧。

養豬場架設的太陽能光電板，一年大約省下一千萬元電費。

三久牧場想辦法讓豬隻的糞尿不再是令人困擾的廢棄物，而轉變為可再利用資源。除了洪崇拼很早就規劃建造沼氣槽和沼氣發電設備，透過厭氧消化技術，豬糞等有機廢棄物被分解產生沼氣，用於發電供自家使用，也回銷給電力公司。豬隻糞尿也轉變為可再利用的肥料，有助減少化學肥料的使用，污水處理廠處理過的水質已達到可灌溉程度，而豬舍屋頂也加裝了太陽能光電板，不僅發展綠能經濟，更進一步降低牧場的碳足跡，朝向更永續的運營模式發展。

既然拚了一百分整頓了養豬場，精心養出來的豬隻，能否確保呈現出最高品質？於是洪崇拼又投入建立自家肉品加工廠。太太曾貴美參與食品工廠的管理工作之後，才第一次了解先生那種要求完美近乎苛求的標準：「我覺得已經OK的，他不OK，我覺得沒有一百分，也總有九十或九十五分吧，他說不行。」

經過一段時間的壓力與適應，曾貴美後來也體會到品質優劣的差異，最後也加入先生的完美一族。食品廠豬體從屠宰場運回後，需用酒精消毒，為了讓肉品達到安全的低溫並熟成出更佳的肉質，不惜讓冷凍櫃耗費一整天的時間；包裝材料即使已採用食用級的，還要一一消毒，確保從牧場到餐桌的每個環節都是經過驗證反覆確認的一致標準。這對夫妻共同體認追求品質是在乎過程的，在乎那個再一點就能達到理想時的更進一步，那個從九十九分到一百分的吹毛求疵。

「人活著的意義不只是賺錢，一輩子賺再多錢，還是用那麼多而已啦。重要的是你要留下什麼讓後面的人對你尊敬？我覺得我是在做這個工作。」

喔，原來洪崇拼真正想拚的是這件事。這就是他要求一百分的原因。

也難怪在安琪的訪談中有一段很特別的故事。洪崇拼告訴安琪，遇過最大的養豬危機，不是口蹄疫，而是有人問他做建材好好的，「幹嘛殺生呢？養豬殺生耶」。這個問題他整整想了一年，一年不吃豬肉。

這位養豬場、豬肉食品廠老闆認真對自己靈魂拷問之後，終於把心結打開了：「我們希望豬隻在這裡出生，幸福快樂的生活，之後產生最好的豬肉來回饋人類，希望輪迴的這一個階段是很好的過程。」

沼氣發電過程的沼渣回歸農田做肥料，農地種植後，部分作物再做成豬飼料，養豬場在雲林做到永續循環的農業模式。

洪崇拼拚一百分的認真，真心令人感佩。不只是因為他得到全國神農獎的一百分成就，更因為他這種願意認真想清楚動機與意義的哲學態度。

人活著的意義不只是賺錢，一輩子賺再多錢，還是用那麼多而已啦。重要的是你要留下什麼讓後面的人對你尊敬？

——洪崇拼

SDG 實踐

◆豬糞也能發電：在地能源的自給願景

文／徐沛緹

SDG 7「可負擔的潔淨能源」旨在確保所有人皆可取得負擔得起，且可靠、永續及現代的能源服務。這也是農業、商業、通信、教育、醫療保健和交通發展的關鍵。

以電力這項能源來說，聯合國預測即使到了二〇三〇年，全球仍有大約六．六億人無法使用電力。過去煤炭、石油、天然氣等化石燃料一直是電力的主要來源，但化石燃料會排放大量的二氧化碳，造成全球暖化，危害環境與健康；且能源終有耗盡的一天，因此在淨零碳排的趨勢下，大幅提高使用來自於大自然的再生能源，如太陽能、風力、水力、海洋、地熱等能源的使用比例，便成為 SDG 7 的細項目標之一。

洪崇拼的養豬場早在二〇〇四年通過 ISO9001 品質認證與 ISO14001 環境系統認證，利用豬隻排泄物進行沼氣發電。早年因沼氣未經脫硫，易腐蝕機械及管線，發電設備成本高，近十年脫硫技術普及，各家養豬場才紛紛投入沼氣發電。

洪崇拼從建材業跨足養豬業，由於涉獵行業較廣，也較早得知豬隻糞尿處理過程中，所產生的沼氣主要成分為甲烷，排放到大氣將造成溫室效應。但甲烷燃燒則能產生電能，可減少溫室氣體排放。於是洪崇拼早早規劃養豬場投入沼氣發電，目前一年可發電十八萬度，足以提供場內分娩舍一百盞兩百五十瓦的保溫燈使用。豬隻的排泄物轉化成電，再用於豬舍保溫燈，正是一種能源循環再利用。

不過，洪崇拼也坦承，沼氣發電的建置成本高於效益，但是基於產業責任，改善養豬空汙，這終究還是一條該走的路啊！除了沼氣發電，養豬場目前也有五處已架設太陽能光電板，一年可發電度數兩百九十萬度回售台電，大約每年可省下一千萬元電費呢！

根據經濟部能源署統計，台灣的能源高達百分之九十七至九十八仰賴進口，僅百分之三左右自產。二〇五〇年台灣的淨零轉型，提高能源自產率將是重要目標之一。未來，洪崇拼正思考善用牧場內的再生能源，建置自己的電網，電力自給自足，減輕國家用電負擔。當然，這又是一筆龐大的建置成本了，但為了產業傳承、珍惜能源，他還是想著得及早擘畫未來！

◆從飼料到肥料：兼顧商機與環境的循環經濟

能源寶貴，發展「循環經濟」將可望提升再生能源在全球的使用比例。

環境部資源循環網定義「循環經濟」：一種資源可再生與環境永續的思維，透過推動永續消費與生產、提升資源使用效率，與加值化處理廢棄物之目標，推動創新的循環商業模式、產品綠色設計、建立循環合作網絡與能資源化再利用，搭配創新的技術與制度發展，減少原物料的消耗，設法以更少的資源來創造更多的價值，確保地球有限的資源能以循環再生、永續方式被使用，達到資源循環零廢棄。

洪崇拼的養豬場利用沼氣發電，發展循環經濟。以豬吃的玉米梗經發酵槽產生沼氣發電，沼渣沼液可以回歸農田當作肥料，取代化學肥料，減少農地酸化並對抗病蟲害。養好了農地，牧場又可以種起玉米，作為豬飼料。

根據農情資料統計，國產玉米自給率不到百分之二，畜牧業高度依賴進口黃豆與玉米，這也導致新冠疫情時曾因國際貨運斷鏈，使得國內出現供應危機。因此洪崇拼不僅收購國產的非基改玉米，也自行種植，以降低對進口的依賴。這一整套將豬隻、土地與農作都納入的循環經濟，也成為兼顧經濟發展與環境保護的一個典範。

◆從牧場到農村再生：打造永續農業新模式

洪崇拼位於雲林的牧場，如今占地已達十二公頃，飼養的豬隻隨著場區不斷擴大，也從數百頭成長到兩萬多頭。

據雲林縣政府統計，二〇二一年雲林的農業產值八百五十四億為全國第一，縣內近三分之一的人口為一級產業工作者，堪稱台灣糧倉。但雲林也正面臨青年人口外流、超高齡社會和產業結構老化的問題，洪崇拼和其他農牧業者已同樣感受到衝擊。

近二十年來，已有多位老農考量年紀漸長，無法繼續務農，又擔心家庭變故，子女賣掉他辛勤耕耘一輩子的農地，紛紛求助洪崇拼收購農地。為了讓鄉親安心退休，也避免農地轉手他人就此廢耕，洪崇拼陸續收購農地，原本單一的牧場經營也擴展到農耕，工作範圍愈來愈廣。

未來洪崇拼計畫擴大團隊分工，增加當地工作機會，也促進周邊商業的群聚效益。如果能使得農村再生、經濟活絡，那麼洪崇拼的牧場，在實踐 SDG 7 發展「可負擔的潔淨能源」時，也有望朝著 SDG 11「永續城鄉」的目標邁進，建構具包容、安全、韌性及永續特質的城市與鄉村。

TO DO LIST

★洪崇拼的 SDG 實踐

養豬場發展再生能源，實踐永續農業。

★我可以怎麼做？

✔ ______________________

✔ ______________________

《一步一腳印　發現新台灣》
【拼 100 分養豬場】
▼影片這裡看▼

Ensure access to affordable, reliable, sustainable and modern energy

SDG 8

合適的工作及經濟成長

當家鄉孩子的大哥

人物 林峻丞

文／詹怡宜

林峻丞的故事，讓我這種在電視台多年一直沒離開的人忍不住想：「如果他當時繼續留在電視台當企劃編導，後來會如何？」還會是十大傑出青年嗎？還能陸續陪伴三峽將近三百人次的孩子們長大嗎？還會有社會企業甘樂文創帶動地方創生？會有禾乃川國產豆製所使用國產本土黃豆，做到百分百零廢棄農業循環經濟？

年輕時的林峻丞應該不是那種理想遠大的嚴肅型青年，畢竟十八歲因家計休學時，他想當的是綜藝諧星，不只毛遂自薦加入「石頭家族」成為許效舜徒弟，他後來也當過外景節目「瘋台灣」的企劃編導。然而正值還很年輕的二十四歲，他便毅然辭去電視台的工作，回到三峽老家，整理阿公創辦卻急需挽救的傳統肥皂廠。

二十四歲從繁華的都會電視台回到鄉下的老肥皂工廠，不知道這樣算不算離開舒適

SDG 8

MIC GROWTH

年輕時想當諧星的林峻丞卻在 24 歲就辭去電視台工作，回三峽老家幫忙。不久後發展出三峽孩子們的創意與創業基地。

圈？然而幾年之後，當三峽老肥皂廠成功轉型為「茶山房」，正做得有聲有色時，他卻決定離開了，轉身投入三峽社區文創志業，這就無庸置疑是個離開舒適圈的超勇敢決定了！

「瘋了嗎？公司已經在賺錢，這時你卻要離開金雞母？」那年他還不到三十歲。幾年後，接受《一步一腳印》採訪時，林峻丞談起這段往事：「那時候我學會了一件事，叫做捨得。」捨得，這是多麼老成的智慧啊。果然，學會捨得的年輕人林峻丞後來的能量越來越大，做到的事也越來越多。

「小時候父親酒後回家，失控摔東西打老婆打小孩的畫面，我直到當兵都還會夢見、嚇醒。」這段經歷，應該是他日後所有人生抉擇背後最深的驅動

1：當年回到三峽家鄉，林峻丞帶著當地小學生做農事，逐漸成為孩子們口中的「峻哥」。
2：小草書屋成為孩子的學習基地。
3：峻哥自己在這裡長大，他知道課輔班孩子需要的是陪伴。

力。回到家鄉三峽，也就是回到自己的童年。持續受到兒時記憶如夢魘般影響的他，很清楚偏鄉孩子的生活模式，於是開始關心社區的孩子們。從暑期課輔陪伴到免費課輔班，他成為那些家庭功能失調的、低學習成就的、高風險的弱勢孩子們口中的「峻哥」。

先是「小草書屋」的陪伴，林峻丞為了籌措經費，又成立「甘樂文創」社會企業，化身三峽的創意基地，出刊物、說故事、辦文化活動、開餐廳。太太朱羽涵陪著他一路發想，又開了一家豆腐店，找來本土黃豆做起味噌、豆漿等豆製品，於是創立了「禾乃川國產豆製所」新品牌。

左：培訓孩子餐飲技藝，幫助當地孩子學習一技之長。
右：成立「禾乃川國產豆製所」，希望有助解決三峽青年就業問題。

算一算，回到三峽十七年來，書屋總計照顧了近三百人次的孩子，陪伴著他們長大，見證他們完成學業、進入職場，以至大學畢業返鄉工作。這些年來，經營地方創生與鄉鎮發展的新興社會企業，包括甘樂食堂、合習聚落、禾乃川國產豆製所、甘樂文旅、民宿秀川居、地方創生輔導等事業品牌。合計八十位員工中，有他的國中同學、有書屋長大的孩子，有中輟生、二度就業媽媽，也有聽他演講受到啟發的同路人，漸漸為三峽地區提供更多工作機會。

我不禁想，還好林峻丞當年離開電視台，畢竟後來他在三峽成就了那麼多事。但再想想，根據太太的描述，他是那種「總深怕自己時間不夠用」的人，這種工作狂，以他積極的開發能力，通常不論在哪個領域，都能闖出一番成就。

其實台灣這種能力強的人不少，許多企業也有類似的高績效型人士，能開創、能發想、能領導、能管理。但林峻丞之所以不同，或許正源於他的童年經驗：他是

陪伴孩子們的過程中，林峻丞看見職業教育的重要性。他請師傅前來教學，並帶著孩子一起學習修繕小草書屋，有的孩子後來真的走上這條路，成為收入穩定的裝潢師傅。

那個曾經在家鄉經歷過孤單、缺乏安全感、對生計惶恐、對未來徬徨的三峽孩子。

他想為那些像他一樣的孩子們點一盞燈，拉他們一把。

我印象很深刻的一幕，是他接受訪問時一度紅了眼眶，竟是聊到藝人許效舜。

「有一天營區衛兵通報：許效舜來了。」林峻丞描述當兵時期，他向來會客時間少有訪客，這次來的竟是大明星許效舜。「我只不過是一個小小的助理，他竟願意為了我，特地從台北開車下來台南。這件事或許對他來說沒什麼，對我影響卻很大。」當下那種受到重視的感動讓他下定決心，未來自己若有能力，也要如此照顧人。

曾加入許效舜的石頭家族，只因為被大明星重視過的感動，讓林峻丞覺得當自己有能力時也要照顧人。圖為多年後許效舜出席林峻丞的結婚典禮。

多年之後，他真的做到了。這個曾被許效舜感動過的年輕人，回到家鄉，耐著性子陪伴與經營，已經為三峽創造出許多教育與工作的機會。這段感動的傳承，透過林峻丞，相信還會再延續。

我非常感謝這些孩子，願意讓我進入他們的生命，這是我覺得最珍貴的部分。

陪伴孩子，讓我看到自己生命的價值。

——林峻丞

SDG實踐

◆從職業教育培養興趣，成功輔導青年就業

文／徐沛緹

SDG 8「合適的工作及經濟成長」，包括促進包容並兼顧永續的經濟成長，讓每個人都有一份好工作。SDG 8的細項之一提及，在二〇三〇年之前，實現全面生產性就業，確保青年與身心障礙者同工同酬，並促進青年就業、接受教育和培訓。然而新冠疫情後，全球經濟衰退，這對勞動力市場中的婦女和青年衝擊尤大。根據聯合國統計，十五至二十四歲的青年，就業仍然面臨嚴重困難。二〇二二年全球青年的失業率，遠高於二十五歲以及成年人的失業率。全球有近四分之一的年輕人無法接受教育、就業或培訓。如何協助年輕人能夠有一份工作，可以獨立生活？林峻丞與三峽孩子們的真實經驗，或許可以給我們一些啓發。

北台灣有一句舊時諺語是這麼說的：「鶯歌出碗盤、大溪出豆干、三峽出流氓」。回到三峽老家後，林峻丞試圖透過教育扭轉這句話。在成立書屋關懷弱勢兒少的過程中，他看到了職業教育的重要性。

轉介到書屋的，不乏活潑調皮的孩子，書屋門窗一度常遭破壞，頭疼的林峻丞想到請來木工

林峻丞回到家鄉三峽創設「小草書屋」，陪伴許多孩子們長大。

師傅開班授課，教導修補桌椅門窗。習得一技之長的孩子，後來自己成立公司，專門承包書屋修繕，也學會珍惜，不再破壞公物。也有孩子真的靠著這門手藝，成為擁有一技之長和穩定收入的室內裝潢木工師傅。

書屋在每天放學後提供課輔和餐點，但林峻丞發現仍有些孩子乏人照顧，餐食不穩定，營養不足。他希望孩子學會做菜，有照顧自己的能力，於是書屋又多開了一門烹飪課，從買菜、做菜、布置餐廳、內外場分工，一併培訓餐飲技藝，後來有些孩子因此找到興趣，就讀餐飲科，投身餐飲業。

書屋也與國中高關懷中介班合作，成立青草職能學苑。邀請在地的木雕、皮革、金工等職人授課，希望透過職能探索，幫孩子找到學習動機重拾自信，先將他們從社會的邊緣拉回來，再經過培力，儲備未來的職涯所需。截至二〇二三年，青草職能學苑已累計陪伴了兩百零三位當地兒少，學習一技之長並成功獲得工作機會。林峻丞期盼有朝一日，故鄉的每一個孩子，都擁有力量改變未來，不再有人記得那句「三峽出流氓」的諺語。

◆打造多元共融職場環境，為每個人創造再出發的機會

返鄉後的林峻丞很快發現，在地青年面臨求職挑戰。與此同時，他也由青農得知，國產大豆的量少、種植成本高，國產非基改新鮮大豆，僅佔豆製品市場的百分之零點零一。林峻丞希望一併解決台灣青農與在地青年就業問題，遂成立豆製所，推廣台灣的大豆飲食文化，製作豆腐、豆漿等豆類製品，書屋的孩子畢業後，也有機會銜接豆製所就業。

SDG 8「合適的工作及經濟成長」細項亦提及促進以發展為導向的政策，支持生產活動、創造合宜就業機會、創業精神、創意與創新。林峻丞用社會企業解決社會問題的理念，在他的書屋、社會創新設計、豆製所、餐廳等品牌，陸續創造工作機會。

近年組織構建相當著重的理念「DEI」(Diversity, Equity and Inclusion)，即：多元、平等、共融組織成員的多樣性。林峻丞也把這樣的理念落實在豆製所，除了提供社區家長、青少年技術訓練與工作機會，也接納更生人就業。令林峻丞印象特別深刻的是，遇過好幾位二度就業的媽媽，

林峻丞參與「台灣地域振興聯盟」，推動地方創生，創造就業機會。

都曾在面試時哭訴，四十多歲很難重回職場。而在林峻丞的書屋、餐廳都有中高齡就業夥伴。像是六十歲的中高齡員工外場經驗足，很適合帶領年輕夥伴深化服務；另外釀酵坊工作團隊中，也錄用了身心障礙員工，融入大家一起工作。

二〇二二年，林峻丞成功申請到國際B型企業認證。「B型企業」是由美國非營利組織 B Lab 倡議，以推動企業發揮社會與環境影響力為目的，鼓勵企業將營運目標從「成為世界最好的企業」提升為「對世界最好的企業」，被視為企業永續的標竿。這也鼓勵著林峻丞，持續管理創新，建構多元共融職場。

◆推動地方創生，返鄉後的產業與人才再造

從挽救家族事業，到投入地方創生，林峻丞的團隊在協助國發會執行地方創生人才研究計畫時才發現，地方創生團隊從萌芽到成熟，平均要花四到九年的時間，而且長期面臨經營管理能力、專業人才與資金的困境。

林峻丞又開始「打造地方創生支持系統」事業，積極輔導青年返鄉創業。他陸續規劃了青年培力、創業諮詢、產品展銷等課程，開設地方創生ＣＥＯ專班，分享自身經驗，並媒合各地農產聯名開發商品。他開發的交流平台，已成功連結超過六百個地方創生團隊，協助微型與中小企業實現成長。曾在媒體工作過的他，深知善用宣傳對於推廣的重要性，他開設的自媒體頻道「小村長」，無償報導各地返鄉青年，已記錄了三百多篇台灣土地人文的故事。

林峻丞還為故鄉規劃了「一日三峽」的深度旅遊提案，結合淨溪、社區探訪、手作工藝、社會企業經營分享、品嚐當地料理等多元活動，引領學校和企業各界走入社區，以差異化的行程，結合旅遊與地方創生，帶動家鄉的經濟並創造就業機會。這也正實現了ＳＤＧ８「合適的工作及經濟成長」細項中提到的「制定永續旅遊的政策，創造就業機會，並促進當地文化和產品」。

TO DO LIST

★林峻丞的 SDG 實踐

返鄉成立書屋，創造當地多元就業機會。

★我可以怎麼做？

✔ ______________________

✔ ______________________

《一步一腳印　發現新台灣》
【當家鄉孩子的大哥】
▼影片這裡看▼

Promote inclusive and sustainable economic growth, employment and decent work for all

SDG 9

產業創新及基礎建設

他們的交通安全大夢

人物 莊哲維 劉冠頡

文／戴君恬

「道路設計得好，不只車開得順，最重要的是，安全也會有很大的提升。」

「不能等到發生死亡車禍，才要改善道路，那就太晚了！我們要防範於未然！」

這是劉冠頡和莊哲維受訪時說的話，至今仍讓我印象深刻，因為採訪完不久，就發生台南三歲女童和媽媽走在斑馬線上，遭到轉彎小客車撞擊身亡的不幸事件，當時「行人地獄」點燃了全台怒火。那段時間我常想，如果能有多幾位莊哲維和劉冠頡，如果能讓他們多改善幾條馬路的標線設計，我們的交通是不是會更安全、更舒適一點？不是因為他們畫的馬路標線有多厲害、多完美，而是他們那股不顧一切，想讓我們的生活環境變得更安全的執著和熱情，令人敬佩。

SDG 9

INFRASTRUCTURE

劉冠頡（左）與莊哲維（右）兩位年輕人合力，試圖由道路標線設計這項基礎建設，改善危險道路，為台灣的行人地獄找到安全的解方。

INDUSTRIES INNOVATION AN

記得拍攝那天，冠頡和哲維帶著自掏腰包買的空拍機，到高雄瑞隆路勘景。那是一段在我們生活中隨處可見的雙向四線道路，看似寬敞，但道路兩旁鄰近店家的外側車道，幾乎都被違規停放的汽機車占據，四線道實際上只剩兩線道，而行人呢？除了少部分路段有騎樓可走，其餘多數地方必須像玩貪食蛇遊戲一樣，左彎右拐，為了閃避違停車輛，冒險走在馬路中央，與車爭道。採訪過程中，我和攝影搭檔也多次被身旁呼嘯而過的汽機車嚇了一跳。

這樣的路段要怎麼改變？路就這麼寬，既不能把建築拆了蓋騎樓，又不能影響車流，還要保留停車空間，再想辦法做出人行道？怎麼想都是天方夜譚。

但他們還真的設計出一個三全齊美的辦法！在維持現有車流的模式下，直接將長期被違停車輛占據的外側車道規劃成停車格，然後在停車格和兩旁店家中間設計標線型人行道，這樣一來既能解決違停亂象，還能利用停車格保護行人，提供安全的用路環境。

不過這樣的改變雖然立意良善，實現的難度卻相當高。因為瑞隆路長度超過一公里，橫跨六個里，他們得一個里一個里去拜訪、開協調會，一次次說明道路設計初衷，那得花多少時間精力啊！光想就覺得累人。

進一步了解更得知，這次的道路改造甚至不是民眾陳情，而是他們主動提出來的改善計畫——這讓我完全無法理解，忍不住要問：「何必呢？幹嘛那麼辛苦攬這麻煩事？」他們的回答卻很簡潔扼要：「這樣比較安全啊！」這就是冠頡和哲維心甘情願做這一切的原因，也是他們的初衷。

冠頡大學時曾去歐洲當交換學生，深深懾服於當地明確的標誌和標線指引，回台後才自學畫馬路。「在歐洲的時候原本沒太大感覺，因為好的設計，你用起來是沒有感覺的；後來回來台灣就發現什麼東西都不對勁，我就想自己試試看。」

於是本來念化學材料、想進台積電的大男孩，就這樣開始投入道路設計，還把自己改造後的設計圖拿給地方議員，想促成實際改變。只是當年還沒有太多人懂得道路設計的重

劉冠頡大學時曾去歐洲當交換學生，看到當地道路規劃完善，且能考量行人與車用需求，頗多啓發。回台後，他原本念化學材料想進台積電的想法不再，而是轉向自學「畫馬路」。

劉冠頡成立「標線改造台灣路」粉絲專頁，四處倡議透過道路規劃保障用路人安全。

要，他的毛遂自薦最後石沉大海，連家人都懷疑：「馬路需要設計嗎？」「畫這個能幹嘛？」但他可沒因此打退堂鼓，這些雜音反倒讓冠頡更堅定信念，他相信自己在歐洲的親身體驗，相信良好的道路規劃不只能保障車輛和行人安全，也能讓生活更美好，只是需要有人去宣導，才能引起更多人的重視。

「我覺得台灣人不是沒素質，而是我們的道路環境沒有給用路人好的指引。頭洗一半了，我不想放棄，我相信這件事是值得的！」

於是冠頡成立了 Facebook 粉絲專頁「標線改造台灣路」，分享他的道路改造設計。網路的傳播速度讓他的理念很快被看見，還有了知名度，有網友請他幫忙做巷弄診斷，也有議員里長找他會勘道路，他的設計開始出現在台灣的街頭巷尾，還因此受邀前往交通、警政、工務單位、民間團體、立委辦公室等地演講，傳授道路改造經驗，成了公務員的老師。這些都讓他好有成就感，更因此認識了道路設計同好的哲維。

哲維算是冠頡道路設計的大前輩，他從小就對道路幾何充滿興趣，甚至立志要當「交通部長」，從台大土木所畢業後，考進公部門，以改革台灣交通為己任，畫圖設計與施工是他的工作日常——嗯，嚴格來說，他要負責的還包括回應議員民代的意見、局處長官的建議，以及民眾天馬行空的想法，各種「人」的問題，都讓單純的道路改造變得無比複雜。

我問哲維：「只要『配合施工』，事情不就簡單多了？」他說，不行，因為「符合民意」的交通工程不一定是最安全的。

就像採訪那天，我們跟著哲維來到高雄三民區一個五岔路口劃設標線，其實陳情民眾原本只是想要增加紅綠燈的停等時間，讓五岔路口的車輛輪放就好，但哲維認為這樣的做法會拉長等待週期，增加駕駛人闖紅燈的機率，反而更危險，所以寧願多做一點，自己花時間重新設計道路，再花一個上午到現場和工班溝通，指導標線師傅施作。

「有時候工作很多，我也會有很負面的時候，但再怎麼樣我也不能對不起我自己，改變交通是真的要把圖畫好，去現場跟師傅說，那才是真正的改變交通。」這是哲維對交通安全的堅持。

只是光靠一個人，終究力量有限，所以哲維拉著冠頡，打算出一本人人都能看得懂的道路交通規劃指南，希望喚起大眾對道路安全的注意。

雖然目前這本書還在蒐集案例中，要出版得再等上一段時間，不過就在專題節目播出一年後，我收到哲維的訊息：「瑞隆路改好了」。從他傳來一張又一張的完工照片裡，我看見新的道路、新的秩序，以及那種新氣象所帶來的美好，我想這就是他和冠頡心中最棒的交通安全畫面吧！

台灣人不是沒素質，而是我們的道路環境沒有給用路人好的指引。我不想放棄，我相信這件事是值得的！

——劉冠頡

莊哲維從小立志要當交通部長，碩士畢業後考上公務員，進入高雄市府交通局，他懷著「人在公門好修行」的精神，在道路施工現場，為用路人的安全把關。

SDG實踐

文／徐沛緹

◆透過道路標線，為「行人地獄」求解方

SDG 9「產業創新及基礎建設」的核心精神，在於建立具有韌性的基礎建設，促進包容且永續的工業，並加速創新。

對應聯合國永續發展目標，我國行政院國家永續發展委員會於二〇一九年制定了屬於台灣的永續發展目標，將SDG 9聚焦於「建構民眾可負擔、安全、對環境友善、且具韌性及可永續發展的運輸」。其細項目標包括：提高鐵公路運量、改善偏鄉公共運輸、增加無障礙大眾運輸工具與設施比例，以及降低道路交通事故，尤其是意外發生比例偏高的年輕騎士死亡人數，試圖由交通大計切入SDG 9，建構可永續發展的交通運輸。

然而，二〇二三年外媒CNN形容台灣的馬路是「行人地獄」、瑞士外交部官網甚至警告，到台灣旅遊「不小心走在斑馬線上都會身亡」。而劉冠頡與莊哲維這兩位年輕人，正試圖由道路設計這項基礎建設，為台灣的行人地獄找解方。

劉冠頡參照過往在歐洲交換學生時的觀察，當地的道路規劃完善考量行人與車用需求，反觀

家鄉台灣馬路的日常，卻是路邊違規停車、機車騎上人行道、不禮讓行人、甚至酒駕害命……。於是，他開始自學道路標線設計，透過臉書粉專「標線改造台灣路」，分享國內外交通案例，建議藉由標線改善危險道路。二〇二三年，高雄楠梓區一條馬路就在他的建議下，為行人劃出了兩側的人行道。

與劉冠頡在網上結識的莊哲維，任職高雄市府交通局，實際參與道路規劃工作二十年，兩人共同推動馬路改造，倡議標線是最快改善道路的方式。以保障行人安全為例，根據內政部統計，台灣的人行道普及率僅百分之四十二，還常常出現停放機車、擺放物品占據行走空間的狀況。

許多人疾呼應廣設人行道，但莊哲維從實務工作中看到，建置人行道所需經費龐大，施工期間還會有交通衝擊、店家陳抗、停車需求等問題，可能蓋一條人行道就要花上十年。所以他推動透過標線重繪，為車道瘦身，即可很快畫出多餘的空間，留給行人安全行走。道路標線原非交通界的顯學，但莊哲維和劉冠頡認為，這是有效提升交通安全的方式，兩人一起倡議、落實，希望藉此改善道路，降低交通事故發生。

◆多面向思考，從設計面完備道路整體設施

台灣在推動道路現代化時，援引的是美國以車為主的道路設計思維。當其他國家開始也將行人、自行車騎士的安全納入考量，台灣卻還未跟上。

劉冠頡分享荷蘭的道路設計，貼心地考量到行人、慢車及機動車三種族群的需求。

莊哲維從實務工作中觀察到道路標誌、標線與號誌規則，都應該根據使用者與時代的變化，加以調整。

劉冠頡觀察到荷蘭便是將用路人分為行人、慢車、機動車三個族群，設計出三者相融的暢行道路。一條路該為這三種族群分別考量到的是：人行道夠不夠寬敞平整？行人停等空間夠不夠大？汽機車有沒有左轉車道？路口行車動線是否明確？轉彎時能否看到行人或自行車穿越？自行車有沒有專用車道？會不會與行人混流？路口的行車動線夠不夠清楚？如果車道線畫得好，動線流暢了，人行道自然就會生出來。

接著劉冠頡又將目光放在路側設施，主張台灣的道路工程規範參考圖例，應該更完備，例如出現在馬路上的行道樹、植栽、綠帶、欄杆、地磚、水溝等，也該一併畫進設計圖。此外，還要進一步考量：地磚要採用哪種材質？是否透水、抗壓、耐柏油的高溫？抗噪音？這些設計牽涉長寬高的三維空間，比在地上畫的標線還要複雜得多，但劉冠頡認為一條標線與設施完整的路，才是對人車都友善的路。

◆預見時代變化，讓交通安全法規也能超前部署

根據交通部路政及道安司統計數據，二〇二三年台灣的交通事故總件數高達四十萬餘件，其中死亡人數超過三千人。莊哲維在實務工作中看到，除非身邊的人發生不幸，不然民眾對於交通議題是欠缺關注的，或者只是因新聞引起當下的熱議，而無法持久。他深知大環境要立刻改變很有難度，但他希望透過道路設計圖，喚起大家關心交通議題。

像是莊哲維發現既有的工程法規圖中，幾乎沒有人行道、庇護島，導致道路設計人員，往往未將此類考量納入圖例中。但台灣在二〇二五年已邁入超高齡化社會，六十五歲以上長者的人口超過百分之二十。道路設計就該要考慮靠電動代步車出行的長者，慢車道是否留有他們行駛的安全空間？另外，路面設計不夠平整，導致公車不易靠站，也會造成長者上下公車的不便。

道路設計要考量所有的使用者與時代變化，一條路的安全又關乎交通、工務、地政、警政、都發等部門。莊哲維希望未來法規能將行人安全設施納入圖例，把人行道由選配改為標配。另外也該重新檢視道路標誌、標線、號誌規則是否符合所需，這些都有賴法令改善現狀。

SDG 9「產業創新及基礎建設」的目標在於以產業為城市問題找解方，帶動經濟成長、提高生活水平。交通是一座城市重要的基礎建設，也關乎邁向永續的安全與正義。期待台灣的交通規畫與建設受到更多人的關注和投入，從而能真正回應每一位使用者的需求，打造更安全、友善的公共空間，讓每一條馬路，不只是通往目的地，也通往一個更包容、更永續的未來。

TO DO LIST

★莊哲維、劉冠頡的 SDG 實踐

以道路標線強化基礎建設，守護行人安全。

★我可以怎麼做？

✔ ______________________

✔ ______________________

《一步一腳印　發現新台灣》
【他們的交通安全大夢】
▼影片這裡看▼

Build resilient infrastructure, promote sustainable industrialization and foster innovation

SDG 10

減少不平等

熱心大姐的雞婆洗衣店

人物 劉月廷

文／詹怡宜

SDG 10

說話嗓門頗大、自帶笑聲音效、總是精力充沛、有點好管閒事的「歐巴桑」——你是不是也認識好幾位這種形象的人？有點可能是個客家媽媽。我腦子裡一下子就冒出幾張面孔，常覺得這些被稱為「雞婆」的歐巴桑們是台灣社會一種很可愛的典型。

至於這位劉姐劉月廷，我認為是典型中的最典型。

「朋友問我，劉月廷妳是怎樣啦？沒有跟那些身心障礙者在一起是會怎樣膩？」劉姐的回答很妙也很典型：「會死掉。」話語一落，伴隨的是笑聲音效。

明明能做到的事，為什麼不做？明明看到有需要、明明知道不公平、明明有辦法可以解決……怎麼能眼睜睜不處理呢？雞婆歐巴桑的性格絲毫不能容忍這種事。但我們普通人就像劉姐的朋友一樣，總想問一句：「為什麼呢？非親非故的，干妳什麼事？」而劉姐這

擔任身障協會的就業輔導員時，屢次看著好不容易媒合到工作的身障孩子又因種種原因被企業請回，讓劉姐忍不住「自己開一間」，「亮羽洗衣廠」因此誕生了。

種人也說不出為什麼，彷彿多管閒事就是她的DNA。

位在桃園龜山區的亮羽洗衣，目前有三十二名身障員工，規模不算小，是家專業的洗衣工廠，經營已有三十多個年頭了，承接不少公家機構或私人企業的團體洗衣服務。劉月廷身為負責人與創辦人，三十年前的創業動機可不像多數人一樣只是想做個有穩定收入、能長久經營的小生意。

她的動機只有兩個字：「雞婆」。

當年的她是個能幹的家庭主婦，操持家務之餘，也到新北市殘障協會做志工打發時間，向來開朗喜歡聊天的劉姐被分配到一項頗艱

REDUCED INEQUALITIES

難的工作：負責媒合殘障者到企業工作。

當年的《殘障福利法》（現已更名《身心障礙者權益保障法》）基於平等工作權的保障，已明定大企業需進用身心障礙人士。志工劉姐的工作就是居中媒合，設法把適合的身障孩子帶進企業，但好不容易媒合之後，她卻常接到業主電話，請她把孩子帶回去，說這個問題那個問題，總之不好用。職場的壓力連一般人都常難以適應，身心障礙的孩子們更難免失常。但劉姐是那個居中掛保證的媒合中間人，轉頭必須去面對身心障礙孩子及其家長們失望的眼神。

「我的雞婆性又起來了。」劉姐實在不忍拒絕求助的家長。

「好吧，既然他們說不能用，我說可以用，而且又那麼多人來拜託，那……我就自己來開公司吧。」可能是客家人那股不服輸的硬頸精神吧，但是要有多樂觀天真，才會自己攬下這種大難題？

家庭主婦能想到的辦法，就是從自己會的開始。劉姐曾在婆家開的洗衣店幫過忙，當時先生剛收掉沖床工廠，身邊有筆小錢，就來開一家洗衣店雇用這些身心障礙的孩子好了。

《一步一腳印》的拍攝團隊是在二〇一八年到劉姐的洗衣工廠採訪的。那時她這間雇用一群自閉症、聽語、智能或肢體障礙的孩子們工作的洗衣店，已經經營了二十多年。當初那個因雞婆性子興起而冒出的創業點子竟然撐了下來。「妳以為自己是觀世音菩薩

身障員工的狀況各不相同，劉姐依照每個孩子的障別與專長分配工作。一再重述、反覆指導，劉姐說，我們要比別人更重細節，「這是我的雞婆性啊。」

啊？」「最好以後不要回來借錢……」那時娘家的各種雜音，如今想起來都是家人的擔憂。但是劉月廷也承認，當初的自己確實過度樂觀。

起初以為洗衣店不就是收件取件、丟進洗衣機、頂多再燙個衣服這些事嘛？真正做下去才知道，不同障別的孩子們狀況不同、需要的訓練也不同。面對自閉或遲緩的孩子，這個得教分類、那個得教包裝，光一個撕自黏條的動作，孩子學了整整半年，而好幾個孩子的半年，可就是老闆劉姐焦頭爛額的好幾年啊。

然而，若不是她樂觀又不嫌麻煩的天性，怎麼能一邊訓練、一邊付月薪給這批孩子，同時又到處遞傳單、打電話開發客戶呢？尤其碰到那些一聽到是由障礙者洗衣服就打回票的客人，她往往要再三懇託，請求客戶給個機會。如此這般，終於熬過了那入不敷出的好幾年時光。

「我相信願有多大，力就有多大。」只能

說，她真的很敢、很樂觀。我們的節目團隊拍攝時，孩子們正忙著整燙警察制服，還有上千件衣服正在分類處理中。有人滑著輪椅，忙著在電腦前登錄資料；有人仔細檢查著衣服上的鈕扣。「我們就要做到比別人更重細節、更少錯誤，才不會被冠上殘障者的標籤。」顯然她的遊說是奏效的，而受到激勵的孩子們也不令人失望。這麼多年下來，許多死忠客戶成為基本客源，她可以專心落實照顧孩子的初衷。

鏡頭中，那位小個頭的女孩子正忙進忙出，雖然罹患軟骨發育不全症加上一眼失明，但她看起來精神幹練，已經在洗衣店工作十多年。得空受訪時，女孩說，能這樣工作多好，「來這裡人多啊，不然在家很無聊。」她說她的病友們大多找不到工作，只能待在家裡，自己能工作是一種幸運。雞婆劉姐給的機會不只幫了她，也幫助她的家庭，當然，劉姐也為自己的洗衣事業找到了能信賴的好助手。

但這樣的三贏並不是有了串接與媒合或制度設計上的規劃構想就能達成的。許多社會企業也希望做好事與做生意兩者得兼，但我們看到劉姐促成這件事的本事，不光是推動時的點子，更是一種總想幫人的熱心雞婆態度，再加上死纏爛打、堅持不放棄的韌性。

就像她還會主動幫孩子把薪水分為三份：家用、零用金與信託，並為了長久照顧這些身障員工，決定自購廠房，重新建置無障礙設施。當年光是房屋貸款就需要三千多萬元，考量洗衣店營收與規模，她一試再試，總被銀行拒絕。直到那年我們採訪了她的洗衣店故事，《一步一腳印》的節目報導，意外成為劉月廷成功申請貸款的重要附件之一。

這幾年劉姐帶著孩子們搬入桃園龜山的自建廠房，設立了亮翌洗衣庇護工場，已經訓練超過上百位身心障礙者。三十年下來，發薪水、還貸款，劉姐說其實沒賺什麼錢，但神奇的是竟也生活無虞，日子照常，即使疫情期間生意掉了一半，大部分的員工仍然照常上班，照領薪水。

如今狀況各異的三十二位身障員工，有的仍會在工作中大爆走，有的還是得擔心出錯，需要一再重複訓練。而劉月廷仍然天天粗著嗓門並耐著性子，處理這些日常。累嗎？或許吧。從設立的第一天起，她就知道，自己請的是不一樣的員工。但這不正是當年劉月廷成立洗衣店的目的嗎？

誰叫劉月廷是個精力充沛，又極致典型的客家雞婆歐巴桑呢！

「朋友問我，劉月廷妳是怎樣啦？沒有跟那些身心障礙者在一起是會怎樣膩？」「會死掉。」

「我相信願有多大，力就有多大。」

——劉月廷

SDG實踐

◆助身障者就業：他們需要一個被平等對待的機會

文／徐沛緹

SDG 10「減少不平等」在於消弭國內與國家之間的不平等，使人人享有安全、平權、受尊重的環境。不平等現象威脅社會與經濟發展，易破壞人們的成就感和自我價值，連帶將滋生犯罪、疾病、使得環境退化。聯合國統計，全球有六分之一的人口，曾遭受過某種形式的歧視，其中又以婦女和身心障礙者的遭遇最為嚴重。

二〇〇六年，聯合國公布《身心障礙者權利公約》，這是第一個保障全球身心障礙者權益的國際公約。揮別過往「給予福利」的角度，公約強調，身心障礙者應如同其他人一樣，全面平等地享有所有人權。

根據衛福部的調查，二〇二二年，全台灣有超過一百二十萬的身障人口，平均大約每二十位國民中，就有一位身障者。以就業面向來看，勞動部二〇一九年的調查，則顯示年滿十五歲以上的身心障礙者中，有工作的占比百分之二十．七九，身心障礙者的就業機會依然偏低。

三十年前，劉月廷在殘障協會當志工，協助身心障礙者求職，親眼看見他們就業困難重重，即使成功轉介，也未必能穩定就業。她因此決定自己開一家專門聘用身心障礙者的洗衣店，協助他們有一技之長與謀生能力。

三十年來，劉月廷的洗衣店訓練與聘用了數百位身心障礙員工，目前的三十多位員工，大多是中重度和極重度的障礙者；而其中十多位員工是經由慈善團體，遠自中南部轉介而來，他們家中的經濟支持較為薄弱，又難覓工作，劉月廷提供食宿，照顧他們安心留下。

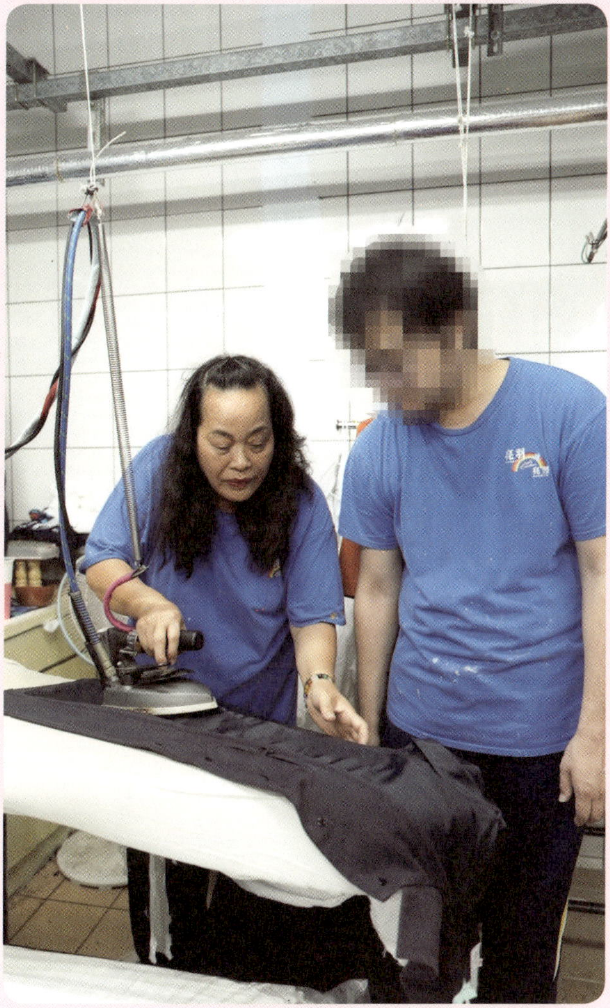
劉月廷開設洗衣店，手把手教學，協助身心障礙者習得一技之長，有謀生的能力。

有位員工是自閉症加上智能障礙，送他來工作的爸爸曾在洗衣工廠大罵兒子沒用。但當爸爸罹癌，全家的經濟重擔都落在身心障礙的兒子身上，他仍毫無怨言地把薪水拿回家改善家計，陪伴爸爸度過難關，至今仍是劉月廷眼中認真盡責的好員工。劉月廷驕傲的說，誰說身心障礙者沒用？他們只是需要多一些時間，以及一個被平等對待的機會。

而這也正是 SDG 10「減少不平等」細項所提及的：增強並促進所有人的社會、經濟和政治包容性，不分年齡、性別、身心障礙、種族、族群、宗教或經濟或其他任何區別，進而在二〇三〇年以前，逐步實現最底層百分之四十人口的所得成長，減少收入不平等的精神。

◆友善身障職場環境，依照特質，職務再設計

洗衣店中，有位聽語障加上智能障礙的員工，既不識字，也不會手語，只能靠著劉月廷把燙衣服的步驟，拆解成好幾個部分，抓著他的手一遍遍教學。光是這個動作就教了一兩年，另外還要再搭配畫圖輔助教學，過程並不容易。但劉月廷就怕放棄了他，若是他淪落街頭該怎麼辦。

每位身障員工的狀況各有不同，劉月廷也報名過各種關於身心障礙的講座和訓練課程，透過更多了解，為他們做出更適配的職務安排與工作流程。每位洗衣廠員工訓練課程的第一課，就是要先學會區分顏色、包裝衣物與寢具，然後要懂得衣物的材質，劉月廷再依照障別、專長和興趣，為他們逐一分配工作。

例如，一位負責洗衣的員工有過動加智能障礙，刷洗汙垢的動作，可讓他釋放過動精力。但難以專注，就要讓他分三、四次洗完一桶衣服，中間再穿插別項工作，或者適時讓他透透氣；又如腦麻的員工肌肉張力大，熨斗的熨燙路徑，就要設計出配合他們的肢體角度才行。如今洗衣場內的熨斗已經改良到第四代了，熨斗運行時已能更貼合障礙員工的施力點，不易使其受傷。

店內還有一位坐輪椅的員工，劉月廷就在廠辦加裝斜坡道、無障礙廁所，將他的辦公桌降低到適合輪椅的高度。所有洗衣廠的機器，都為了身障員工重新設計過，加裝警示和防呆裝置，而員工們的表現也沒有辜負劉月廷。劉月廷說：「只要用對方法、教對，就沒問題！」透過職務再設計，身障者也能擁有工作平等的機會。

但當劉月廷將訓練出來的學員，轉介給其他同業時，業主擔心身障者動作太慢、不夠靈活，而不願意雇用的仍多達一半。《身權法》雖有規定，公、私單位員工總人數在六十七人以上者，應進用身心障礙者人數至少一人，且不得低於員工總人數的百分之一；但仍有不少企業寧可選擇被裁罰，也不願雇用身心障礙者。畢竟要特別改裝環境、職務再設計，都需要再投入成本。打造友善身障者的職場環境，台灣還有一段長路要走。

◆以交流增進理解，洗去偏見，促進平等共融

當初開洗衣店，是希望身障者學得一技之長，幫助他們洗去自卑、洗出自信。然而身障者的技術有進步之時，身障者的標籤卻不易撕除。聘用身障員工三十年來，劉月廷看到台灣人的暖心，但對身障者的同理，卻還需要再多一些。

也因此，劉月廷不定期為員工舉辦畫畫班、唱歌班等課程，她總會刻意保留一些名額，邀請附近鄰居一起來上課，平日也會帶著員工們參加社區里民活動，鼓勵身障者多與人們互動，期待著早日實踐社會友善包容、平等對待。

這幾年，劉月廷還聯合了其他庇護工場，奔波於立法院、衛福部、勞動部之間，為身心障礙者的就業保障和優先採購法提出建言。一如「消除歧視的法律、政策及實務作法」，推動適當的立法、政策與行動，也是SDG 10「減少不平等」細項中的重點任務之一。

TO DO LIST

★劉月廷的 SDG 實踐

為身心障者爭取平等對待的工作機會。

★我可以怎麼做？

✔ ______________________________

✔ ______________________________

《一步一腳印　發現新台灣》
【熱心大姐的雞婆洗衣店】
▼影片這裡看▼

Reduce inequality within and among countries

SDG 11

永續城鄉

那瑪夏姐妹的承擔

人物 阿布娪

文／詹怡宜

報導影片一開始出現了山路的空拍畫面，顯然攝影劉文彬事前評估這次任務雖是一則人物報導，但主角阿布娪做的事牽涉了一整個部落，是五百多人的山上家園，所以出門必須帶上空拍機。影片傳來李晴的口白：「從高雄甲仙到那瑪夏山上還有一個多小時的車程。」我們知道這趟出差有多麼辛苦，相信觀眾更可從鏡頭中想像，這個遙遠山上的部落重建工作會是多麼困難。

畫面是在二〇一六年拍攝的，彼時我們看到的山路仍顛簸難行，但這已經是八八風災發生七年之後的景象。可想而知，當年那場三天降下超過兩千毫米超大豪雨的災難，是多麼驚心動魄。阿布娪的村莊在比小林村更上游的那瑪夏區達卡努瓦里，當年他們被迫撤離，暫時安置於山下的組合屋。但離開家園終究不適應，且生活不易，他們深感外面的

SDG 11

ND COMMUNITIES

「一步一腳印」團隊於 2016 年前往那瑪夏拍攝時，雖然距八八風災受創已有七年之久，但遇到颱風又坍塌，這段山路仍然困難而遙遠。

世界始終不是自己的家。於是，曾經擔任高雄市原住民婦女成長協會理事長的阿布娪・卡阿斐伊亞那，決定帶著族人回到家鄉，重建部落。

「我們不斷被質疑說，你們真的很麻煩耶，為什麼就不能接受山下的安置？」即使在道路阻斷、缺水限電的困難中，阿布娪和族人們仍堅持回家。然而我確實能聽懂她的理由，也被說服了。阿布娪說：「政府的重建是快速的，要求量、要求業績。但我的族人們要的是生活的重建，我們需要安定。」

受訪中她數次提到的「安定」，指的是那種人與土地連結、社區群體與自然環境的緊密關係，而不是有遮風避雨的組合屋、政府補貼、消化預算、達成ＫＰＩ的那種安定。「當我們與自己的文化斷裂

SUSTAINABLE CITIES

時，其實就找不到我們是誰了，這是我們最大的焦慮。」

帶著這種焦慮，阿布娪回到山上，先將自己家中的土地提供出來，邀請族人合力蓋出一座開放給社區的茅草屋，原住民族語稱作 To'omnatamu，意思是「有老人在的地方」，以此作為受到風災驚嚇的長輩們的避風港，同時也是村裡失意無助的婦女、無聊或生病的孩子們可以來汲取耆老長輩智慧的地方。

接著，她做了另一件讓族人們「安定」的事：請來耆老主持播種祭典，重新復耕過去幾十年部落已少種的小米。「那天，長輩跟祖靈說：『耆老，我們把孩子帶回來，我們回來了。』、『相信我們仍受祢庇祐，才可以活著回來。』我聽到長輩是哽咽的，難以想像自己經歷這麼大的災難。」

災難過後，族人沒有分散在陌生的城市，他們回到自己家鄉的土地上，依照老人家的智慧，種回傳統的小米田。這批後來在二〇一四年被正名為「卡那卡那富族」、大約五百人的群體，始終朝向身心靈「安定」的

2009 年的莫拉克風災造成嚴重災損，但阿布娪和族人不想被安置在山下，想要回家「安定」。

共同備食，共同用餐，是部落安定自在的生活模式。

「深山裡的麵包店」找回部落經濟力，窯烤龍鬚菜吐司成為熱門商品。

方向努力著。

「深山裡的麵包店」是個美麗的機緣。阿布娪的姊姊林江梅英在風災後失業，回到部落加入重建的行列。起初，她對於在部落能發展什麼產業也感到茫然，然而有位來自高雄的烘焙師吳克己協助募款，建造了一座石窯「願景窯」，更親自上山指導林江梅英和部落婦女們做窯烤麵包。於是，大家學習烘焙與創業，漸漸創造部落的經濟收入，再運用耆老的智慧，將部落栽種的無毒農作物：紅藜、南瓜、薑黃等，融入歐式麵包中，將土地長出的新鮮食材放進吐司。她們還推出「大地廚房」，這是另一個自給自足的據點，提供遊客預訂部落風味餐，由部落長者和婦女輪流烹飪，增加收入。「女人田」以友善土地的方式種植了新鮮翠綠的現採青菜蔬果，也都直接進了廚房與遊客分享。她們一同進食，享受真實單純且安定的部落生活——不論是在經濟上、生活上，還是與土地的連結上，都同時有了著落的多重安定。

1：阿布娪說，早年部落男性在外面狩獵，女性會找一塊地耕種，儲存食物。男人捕不到獵物沒關係，女人總能從容取出食物。

2：原住民語 Usuru 意思是「女人田」，象徵部落女性的耕作智慧。

3：現在「那瑪夏女人田」種的青菜蔬果，可以直接進廚房與遊客分享。

4：不用農藥，即採即食的土地耕種就是單純安定的部落生活。

1 2
3 4

1：「大地廚房」由部落長者與婦女輪流烹飪，販售遊客風味餐。

2：阿布娪回到山上家鄉後，努力復耕小米，並透過復育田地友善耕作，尋求重新與土地連結的安定。

八八風災發生迄今已超過十六個年頭。阿布娪當初不想要那種「求量、求業績、重視KPI」的重建，她曾以達卡努瓦工作站站長的身份，為自己的部落訂定重建目標。第一個十年的重點在生活重建、備災、共餐、復育田地；並以友善耕作、深山裡的麵包店找回生產力與經濟能力。第二個十年，要推動青年返鄉、留在原鄉發展，並舉辦部落傳統祭典、螢火蟲季等活動，保留文化、自然生態及推廣觀光。

如今，我們很高興地發現，阿布娪和卡那卡那富族人們果然朝著這個規劃的方向前進。自從我們八年前的報導之後，深山裡的麵包店至今穩定經營、復育螢火蟲有成的那瑪夏生態也有助高雄發展觀光、達卡努瓦賞螢步道和麵包店裡的窯烤龍鬚菜吐司，都成為熱門的行銷亮點。

我自己偶而也從一些年輕網紅們拍攝的旅遊影片中，看到關於那瑪夏深山部落的近況，當鏡頭掃到當地年輕人的時候，總是特別有感：「那瑪夏的孩子長大了耶！」

因為在當年的報導中，有一個場景是關於阿布娪和姊姊開放自家的部落教室，讓附近的孩子下課「有個可以安定的地方」——她們真的很強調安定這件事。姊姊回憶：「我們小學時媽媽就過世了，以前會被小朋友取笑。我們知道家裡如果沒有長輩的那種冷清的感覺……。」李晴和劉文彬的採訪畫面中，我們看到那些那瑪夏的孩子們下課後聚在一起，開心的吃著麵包玩鬧著，身邊有部落耆老和婦女輪流當老師，教授他們部落的傳統技藝。

轉眼八年過去了，畫面中那些孩子經歷過安定的童年，或許就是現在那些旅遊影片中正熱心向外地遊客介紹部落文化的開朗年輕人呢。

這正是阿布娪和卡那卡那富族人，整個部落一步一腳印邁向重建、尋求安定的故事啊！

那瑪夏卡那卡那富族雖然經歷過重大悲劇，卻能展現出他們堅韌的生命力，以及對於土地與部落歷史的深厚情感。災難過後的十六年，便已重建家園、復興文化、發展經濟，重新學習與土地和諧共生。難怪有國際學者將此案例分享在聯合國氣候變遷會議中。如同阿布娪說的：「我們正認真的讓更多人知道，這個部落有一群人、特別是有一群婦女，正努力與土地一同找到共生的生態模式。」

從耆老智慧屋到女人田、深山麵包店、大地廚房、部落教室，一個遙遠的部落，彼此一同成長、與土地共生的經驗何其美好，他們安安靜靜地在山裡以自己的方式找尋安定的力量，同時也祈禱卡那卡那富族的祖靈們繼續庇佑。一個只有五百人的小小族群，為我們示範了一部災變過後的族群奮鬥史。

當我們與自己的文化斷裂時，其實就找不到我們是誰了，這是我們最大的焦慮。

——阿布娪

SDG實踐

重建部落，找回與土地、文化連結的安定感

文／徐沛縈

SDG 11「永續城鄉」旨在建構具包容、安全、韌性及永續特質的城市與鄉村。具體目標包括確保人人都可獲得安全可負擔的居住、交通運輸、減少災害、降低環境負面影響、建立無障礙的綠色公共空間、加強城市與農村之間的經濟、社會和環境連結等面向。

聯合國統計，二〇二二年有一半以上的人口，居住在城市地區，預計二〇五〇年將有百分之七十的人口住在城市。不過目前大約還有十一億人，生活在城市中的貧民窟，或類似貧民窟的條件之下，預計未來仍將持續增加。SDG 11「永續城鄉」的第一項細項目標即是在二〇三〇年以前，確保所有人都能獲得適當、安全和負擔得起的住房和基本服務，並改善貧民窟。

八八風災隔年，卡那卡那富族人選擇重返位在高雄那瑪夏山上的家。土石流沖刷後滿目瘡痍的村落，光是清理房舍就花了兩三年，但每逢颱風又或多或少受災，有些整修工程甚至持續到現在。

達卡努瓦部落的五百多位常住居民，在阿布娼和慈善團體的幫助下，與部落婦女成立「達卡

努瓦工作站」，意為「有老人在的地方」，希望藉由部落長者的智慧，帶領大家從失去家園的悲傷中重新振作。

先照顧好土地，才能找回生態與安定人心。阿布娪帶動族人改以無毒種植香草與蔬菜、人道飼養雞隻，帶大家先把田重新種回來，維持穩定收入。之後又建造了麵包窯，用在地栽種的紅肉李、南瓜、桑椹等作物，做出了深山麵包店的名氣。另外還開設大地廚房，供應部落自給自足，並兼販售遊客風味餐。

部落目標對外改善經濟，對內共同照顧，工作站邀集長者共食，互相關懷，每周三下午孩子放學後，大家又共聚一堂跟著部落媽媽們寫作業、學習農耕以及部落傳統文化。這就是阿布娪心中的家園，也是風雨過後，她所要找回的部落生命力，傳承祖先文化，也與土地共存。

阿布娪相信，先照顧好土地，才能找回生態與安定人心。

◆凝聚團結力量，共抗極端氣候

聯合國世界氣象組織二〇二三年統計，過去半世紀以來，全球有一半的災害，都與極端氣候及降水有關，有超過兩百萬人因此喪命，釀成四．三兆美元的經濟損失。ＳＤＧ 11「永續城鄉」的細項之一，亦包括大幅減少各種災害的死亡及受影響人數，並且降低災害造成的全球國內生產毛額（ＧＤＰ）經濟損失，且特別著眼於保護窮人與弱勢族群。

八八風災在短短數秒就帶走了全村二十六人，令達卡努瓦部落深感驚慟，他們也意識到，今後的生計發展，必須同時面對氣候變遷的挑戰，降低自然災害帶來的負面影響。過去部落考量經濟收入與補貼政策，已習於作物要長得大、賣相佳，才會賣得好。於是大量開墾、用藥導致的生態失衡苦果，已在風災後現形。大家開始警醒，如今極端氣候已成常態，若土地再流失，恐將導致他們連居住空間都要消失了。

於是風災後，大家有意識的減少農作用藥，開始復耕傳統作物小米、紅藜、葛鬱金，這些都是耐旱、耐強降雨的作物，萬一再有天災，連外道路斷了，部落不致發生飢荒。

從前大家沒有防災儲糧的習慣，現在颱風來臨前，家家戶戶提早備災存糧，並且配合公部門的防災ＳＯＰ，先將長者、病患優先安全送出部落。其他居民則集體到防災應變中心避災。從前有的居民不願被安置，習慣獨居，但風災後，族人已懂得若要減少災損，就要互相合作，忍耐暫時集中安置的不便，他們也開始互相關懷通報，確認鄉親是否都平安。

曾是最脆弱、遭受天氣災害影響最猛烈的一群人，他們在極端氣候下學會凝聚彼此，在承受衝擊後，同心齊力復原家園，實踐永續城鄉，與災害共生。

◆傳承部落文化，發展青年就業

風災後的消逝感，讓卡那卡那富族人，至今仍無法消除心頭恐慌。近幾年，部落便透過「河祭」的儀式，重新與溪流產生連結，安撫人心。相傳「河祭」源於三百年前，為了感謝天神賜予溪流豐富魚蝦，卡那卡那富族人在每年春天，透過祭典儀式，傳遞族人謙虛敬畏的心情，來面對山川和自然的養育之恩。

這古老而神秘的「河祭」儀式，已在二〇二一年被登錄為高雄市原住民族無形文化資產，以保留重要部落文化，亦對應了SDG 11「永續城鄉」細項之一：加強世界文化與自然遺產的保護。

當重建部落進入第二個十年的階段，阿布娼引領居民開始思考，接下來的方向應從「保留文化」延伸到「世代傳承」。二〇一八年的「回家小徑計畫」盼喚回青年返鄉在部落裡安心扎根。兩位大學畢業的青年率先回鄉發展，一位加入深山麵包店，一邊工作一邊進修烘焙證照；另一位進入公所，負責族語推廣。而這幾年陸續可見青年返鄉，投入咖啡、養雞和民宿，並開始串聯產業，為部落青年的回鄉之路，找到可行的發展模式。

達卡努瓦部落成功的災後重生，陸續受到國內外環境教育的矚目。阿布娪曾應邀前往不丹參加國際會議，分享部落對極端天氣災害的因應，以及原民婦女如何相互扶持，參與部落重生。阿布娪直至疫情期間，仍收到來自澳洲、加拿大的線上國際研討會邀約。一位學者也曾將他們的故事，帶到聯合國氣候變遷大會上分享。那瑪夏劫後餘生，再歷經多年重建，正展現了人們面對各種極端災害的挑戰後，不畏風雨邁向韌性城鄉與防災調適的永續之路。

TO DO LIST

★阿布娪的 SDG 實踐

重建災後那瑪夏，打造部落變身永續城鄉。

★我可以怎麼做？

✔ ______________________________

✔ ______________________________

《一步一腳印　發現新台灣》
【那瑪夏姐妹的承擔】
▼影片這裡看▼

Make cities inclusive, safe, resilient and sustainable

SDG 12

責任消費與生產

翻轉小鎮竹牙刷

人物 林家宏

文／吳奕慧

「因為家逢變故……」，不少返鄉故事都是這麼開始的。南投竹山的林家宏，十多年前回家工作的理由也是如此，但他不僅延續了自家的竹工廠，還用創意找到新的方向，更帶動了竹山小鎮，振興了在地的竹產業。

林家宏不只外表有型，他對生活的態度和想法也很有自己的風格，這也許來自過去的歷練。他曾是維修 IDF 戰機引擎的職業軍人，退役後進入職訓局學了設計，便在台南創業賣潮T，結果很快燒光第一桶金，直到第三年有機會和哈雷合作品牌活動，才開始小有知名度。這樣的過程讓林家宏有個深刻的體會，那就是「設計並非要多厲害，而是要能對應文化需求」。不料就在事業起步之際，他接到了來自媽媽的求助電話。

SDG 12

D PRODUCTION

原來竹產業沒落，產業西進大陸，再加上家中變故，家裡的棒針工廠要結束營業了。林家宏想著，自家生產的棒針是全台唯一，沒理由做不下去，於是他決定回家幫忙想辦法。那時他很有衝勁，一邊重新設計棒針產品，一邊號召年輕人路跑，也在路跑時拓展了不少在地人脈，更在與溫泉業者的交流中有了設計旅宿備品的靈感，因此做了「竹牙刷」，沒想到這竹牙刷後來竟取代棒針，替老工廠走出一條新的路。

但其實這條路並不好走，當初為了做竹牙刷，他花了快三年時間，到處尋找合適的竹材，自己打模塑型，接著又被植毛的問題給考

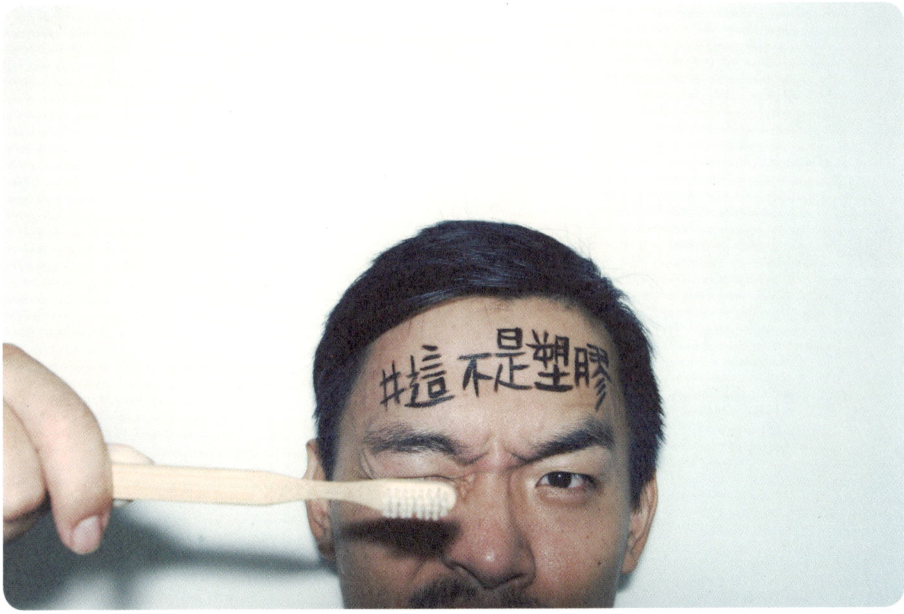

「全台一年的塑膠牙刷使用量高達一億支！」這個驚人的數字，啓發林家宏將老家南投竹山的竹棒針工廠，成功轉型為符合永續消費的竹牙刷產業。

RESPONSIBLE CONSUMPTION

喜歡戶外運動的林家宏，在一次路跑活動時，因溫泉業者的一席話，打開研發竹牙刷的靈感，開始以減塑的綠色消費，帶動家鄉的竹產業。

竹工廠裁切剩餘的竹材也不浪費，林家宏結合露營元素，將竹節設計成環保竹杯等竹製商品。

倒，因為光靠自家的小型機器，要把刷毛一根一根定植到刷柄上，非常費工，很難量產。還好後來遇上了台中刷具工廠的年輕夫妻，願意一起開發植毛機，才解決了棘手的問題。只是，單價較高的竹牙刷真的有市場接受度嗎？林家宏原本也沒把握，但他堅信「對的事會被看見」，的確，默默推廣多年，直到環境意識抬頭，他真被注意到了，也在環保團體主動洽詢後了解原來「全台一年塑膠牙刷使用量高達一億支」。而竹牙刷剛好能解決這樣的問題，這條路是一條對的路。

但慢慢站穩腳步的林家宏卻沒有因此鬆懈，反而繼續觀察市場和產業脈動，繼續求新求變，像是他發現竹工廠裁切好不同尺寸需求的竹材後，竹節就被丟棄焚毀，實在可惜，不如拿來做容器。熱愛戶外活動的林家宏結合流行的露營元素，將竹節設計成環保竹杯，他對竹杯的要求也很多，外觀要夠潮，品質也要夠好，所以為了防止發霉、增加耐用度，他光是外層的天然塗料選擇就花了好長一段時間不斷嘗試才找到合適的塗料；而杯子設計也有巧思，例如：杯緣就刻意增加了突起的圓角，讓杯子倒扣時不與桌面貼合，有個通風空間將能保持內部乾燥。二〇一七年文博會，他的創意和用心大放異彩，還被日本買家相中，他的竹製品成功進軍日本戶外用品界，打開海外市場，現在還賣到亞洲、美洲和歐洲等地的十多個國家呢！

再回頭看看自己的家鄉，林家宏不只透過產品，讓人看見竹山；他與在地年輕人的串聯，也帶動了小鎮的活絡，竹加工產業鏈因而得以持續下去。這些年減少碳排放的議題受到重視，再加上「減塑」風氣興起，竹材重新受到重視，林家宏期望未來能有越來越多人願意投入，開發相關產品，讓消費者有更多更好的選擇，並透過消費去支持好的循環，環保才能真正落實在生活中，真正守護我們的環境。

對的事，會被看見。

——林家宏

SDG 實踐

◆從棒針到竹牙刷：以在地資源促進產業永續轉型

文／徐沛緹

SDG 12「責任消費及生產」在致力促進綠色經濟，確保永續的消費與生產模式。從有效利用自然資源、減少食物浪費、妥善管理化學品與廢棄物等面向，促進永續生活。

一九九四年，聯合國在挪威奧斯陸舉行永續消費研討會，定義永續消費及生產是：「產品與服務能滿足基本需求，帶來更好生活品質的同時，最大限度地減少對自然資源及有毒物質的使用，避免生命週期中排放的廢棄物及汙染，危及未來的世代」。

竹子生長快速、取材方便，早年台灣建屋、製作傢俱，以及許多生活用品都是竹製品。全盛時期全台約有一千五百家以上的竹工廠，一九八〇年竹筍與竹製品，曾創造高達一．一七億美元的外匯。而南投縣竹山因地理位置與氣候因素，出產的孟宗竹不僅品質好，原竹產量也高，故台灣有六成的竹工廠都在竹山。

竹產業曾為台灣創造輝煌，卻也因塑膠製品的興起，在八〇年代逐漸沒落。林家宏竹山老家生產竹棒針與竹筷的工廠，便是在此時跟著蕭條。為了幫家中產業轉型，林家宏發放了兩千份問卷，調查發現，只有百分之一的人會打毛線，但超過九成以上的人都會刷牙，於是決定改生產竹牙刷，以取代竹棒針。早在南宋時期，即有以骨、角、竹、木等材料製成的牙刷，林家宏希望竹製品有機會重回人們的生活當中，為現代人提供多一種選擇。

SDG 12「責任消費及生產」的細項之一，是在二〇三〇年前，實現自然資源的永續管理，以及高效使用。林家宏使用竹山與台灣各地的竹材料，三年生長的竹材經過疏伐，保留新竹，選用老竹。適度採伐可促進竹林更新，如此新生竹子才有生長空間。另一方面，竹子生長過程中，幾乎不需要照顧，也不需使用肥料或殺蟲劑，減少了對生態的影響。

在減碳需求下，竹材被視為極具發展潛力的永續循環綠色資材，竹林也成為林務局近年著重的生態，它轉換二氧化碳，並儲存的固碳能力是木材的三到六倍。林務局重點管理全台十八．三萬公頃竹林之中的八萬公頃，定期擇伐並輔導竹材加工利用，更新老化竹林。未來可望貢獻八萬公頃的竹林碳匯，可供吸收並儲存大量碳化合物。而竹製品的技術升級與產業鏈的活化，亦將隨著自然資源的永續運用，納入綠色消費。

◆研發減塑生活用品，推動減少廢棄物的綠色消費

綠色消費是指在選購產品時，考量該產品在生命週期中，由原料取得、製造、銷售、使用以及廢棄物處理過程中，使用對環境損害最小的綠色產品，進而選擇具有可回收、低污染、省資源

等理念的商品；同時，在消費時採行少買、少消費、少污染的簡約原則。

林家宏在研發竹牙刷前，發現一個驚人的數據：若以每人平均三個月換一支牙刷的頻率計算，全台每年消耗高達一億支牙刷！這些牙刷足足可以繞台灣十七圈之多，然而它們最終多半會成為無法分解的塑膠垃圾。

近二十五年來，全球塑膠製品的生產就增長了三倍，世界自然基金會發布報告指出，至二〇三〇年，將有一・〇四億噸塑膠垃圾進入生態系統，導致地球上的塑膠污染量翻倍。全球人造化學製品與塑膠廢棄物，已大幅超越人類或地球所能承受的安全限度！

SDG 12「責任消費及生產」的細項之一，亦包含了在化學品與廢棄物的生命週期中，以對環境無害的方式妥善管理，並大幅減少其排入大氣、滲漏至水和土壤中的機率，降低對人類健康和環境的負面影響，更應透過預防、減量、回收和再利用，大幅減少廢棄物產生。

汰換後的竹牙刷不須特別處理，竹子可自然分解，竹廢料能回歸土壤成為有機質，減少農藥與化肥的使用。聯合國統計，每年約有八百萬噸塑膠垃圾進入海洋。海龜鼻子卡著吸管的畫面，令人怵目驚心，林家宏也在竹牙刷之後，開發了竹吸管，產業轉型的同時，也特別著眼於生活用品的減塑，以減少生產與消費的廢棄物汙染。

◆多元促進家鄉永續產業

SDG 12「責任消費及生產」的細項，包括制定與實施政策、監測永續發展對於創造就業機會、促進地方文化與觀光的影響。

剛回家接手老工廠時，面對產業凋零，慢跑成了林家宏的紓壓管道。一開始只有他自己一個人跑，後來林家宏在社群媒體上相約夜跑。誰能想到，缺乏人脈資源，想認識更多鄉親的林家宏，竟然在一次東埔溫泉區舉辦路跑活動時，因溫泉業者的一席話，意外啓發了他研發竹牙刷的靈感。

林家宏在竹山、鹿谷地區舉辦了三百多個場次的路跑，短短幾年內，竹山一度多達五百人跟著他一起跑，三年內更累計約兩萬人次，曾參加他辦的路跑活動。林家宏希望藉此帶動運動風氣，路跑的同時還能欣賞地方鄉鎮之美，他也順勢帶動了在地旅遊。

自從竹山開始瘋路跑，當地公部門也連結地方產業，舉辦相關活動。包括竹林文化體驗、療癒、竹山嘻哈、竹製手作等等，藉以吸引觀光客。

雖然前來竹山的遊客增加，鄉鎮經濟更為活絡，但林家宏觀察近十年來，願意返鄉加入竹產業的年輕人依然不多。成為兩個孩子的爸爸後，林家宏忙於家庭，沒有太多時間再辦路跑了，但他開始朝教育扎根，和當地國中小學以及高中合作畢業製作，帶領孩子從小認識故鄉的竹產業，期盼他們長大後更願意留在家鄉，投入地方產業，一起發想未來。

TO DO LIST

★林家宏的 SDG 實踐

活絡家鄉竹產業，促進永續消費及生產。

★我可以怎麼做？

✔ ______________________

✔ ______________________

《一步一腳印　發現新台灣》
【翻轉小鎮竹牙刷】
▼影片這裡看▼

Ensure sustainable consumption and production patterns

SDG 13

氣候行動

老校長救地球計畫

人物 陳世雄

文／吳奕慧

SDG 13

彰化溪州有個老校長，他的退休規劃竟然是「救地球」！這目標是不是太遠大了？一個七十多歲的長者如何能「救地球」呢？答案其實就在陳世雄校長自家的三分地農場裡。

「根據研究報告指出，美國一座一百二十八公頃的農場，即使不耕種，它的碳排量也相當於一百一十七輛汽車不行駛所減少的碳排量。地球如果繼續暖化下去，超過一個極限，它就回不來了……」陳世雄語重心長的說道。就是因為對未來環境深感憂心，老校長自二〇一八年退休，便開始將住家旁的三分地農場作為他「零碳排量、零污染、零廢棄物」的實驗基地，也立志以此成為農友仿效學習的「救地球」範本。怎麼做呢？他以廢棄豆渣養黑水虻，用黑水虻消化分解廚餘，黑水虻的幼蟲還能當雞的飼料，讓雞隻補充天然蛋白質，生出健康的雞蛋，而雞糞再作為其他作物的肥料——過程中完全沒有多餘的廢棄物，

陳世雄以自家農場作為示範，教導農民以零碳排、零污染、零廢棄物實踐永續農業，防止地球暖化。

真正達到農業循環。他相信如果一起這麼做的人變多了，環境一定會越來越好。

溫文儒雅的陳世雄是台灣的農學博士，曾任明道大學校長、南華大學科技學院院長，大半輩子致力於糧食作物與土壤研究，還是台灣有機農業的先驅及推廣者。說到他對農業的熱情，得自幼說起：陳世雄出身農家，從小看著爸媽和周遭親友辛苦務農，付出和收入卻不成正比，所以他努力讀書考進農學院，希望有一天能運用所學幫助農民。但那個年代主要是從「經濟導向」來看待農業，陳世雄所學仍偏重如何以農藥化肥增產，直到進入中興

CLIMATE ACTION

大學農藝系任教，他於一九九七年被指派接管大學的農場，所有的觀念和作法才三百六十度翻轉。

那時，擔任中興大學農試場場長的陳世雄發現，十八公頃的大學農地，年收竟只有十八萬，而管理農場的技士還因為噴農藥噴到肝臟病變，這代表管理模式出了很大的問題。剛好那時陳世雄接觸了不少國外有機栽培的資訊和知識，於是他決定就從學校農場開始嘗試轉型。他先是禁止使用農藥，把鴨子引進田間種有機水稻，慢慢做出成果後，還榮獲國際有機農業聯盟「有機農業貢獻獎」；二〇〇七年，他又創立台灣有機農業促進協會，希望更積極推廣，使台灣成為有機農業國家。

但就在他熱血推行有機栽培，也成功號召不少志同道合的農民轉型，並吸引許多年輕人加入的同時，他發現現實的經濟效益仍是重要的問題。有一次他到宜蘭拜訪一對青農夫婦，兩人都是高學歷返鄉務農者，對有機農業懷抱極大熱情，但栽培水稻的產量和收入卻讓他們生活過得很吃緊。這讓陳世雄印象深刻，他開始思考，鼓勵青農投入的同時，是否該提供更多更有「效益」的建議，真正協助他們穩定生活，才能繼續堅持理念。

於是，這個老校長又開始忙了。退休後，他將自家旁的三分地規劃成示範農場，除了養黑水虻做農廢循環之外，也嘗試種植不同經濟作物，學做農產加工，還學習養蜂。他發現蜜蜂不但能幫忙作物授粉，還很有「產值」。就以他的園區來說，五十個蜂箱一年光是蜂蜜就能帶來八十萬的收入，再加上蜜蜂是「環境指標」，農民為了蜜蜂，會把環境顧好，蜜蜂又

陳世雄在中興大學擔任農試場場長時，見到農場員工噴農藥噴到肝臟病變，他先禁止使用農藥，又把鴨子引進田間，以自然農法栽種有機水稻，是台灣推廣有機農業的先驅。

◀蜜蜂是環境指標，蜂蜜又能帶來穩定收益。陳世雄希望以這樣的經營模式，喚起農民共同為控制地球升溫而努力，減少農業廢棄物和農藥污染，同時也能實現環境、社會與經濟三方面的永續。

▶陳世雄利用豆渣廚餘和動物廢棄物養殖黑水虻，實踐循環農業。台積電也曾派人前來學習，藉由黑水虻分解廠區內每天上千人產生的廚餘。

能帶來收益，再加上雞蛋以及其它不同的經濟作物做成加工品都有產值，以這樣的模式來經營農場，即使規模不大，也能穩定生活。陳世雄從自身做起，退而不休，持續在農業領域傳授經驗。

這些年永續環保意識抬頭，越來越多人注意到這個在彰化溪州的老校長，像是台積電就派人前來學習，將黑水虻用於解決台積電廠區內每天上千人產生的廚餘；其他像是大學、NGO、連鎖餐飲業也都來請益如何用黑水虻成功分解廚餘，減少汙染。這些改變讓陳世雄感到欣慰，他說，不管年紀多大，都會繼續宣揚並實踐循環農業的理念。

「跟你們說個故事，日本有個老和尚一百零一歲了還在寫書，身旁的人問他，你寫不完怎麼辦？老和尚說，明天會如何不知道，今天該做的就把它做好。」老校長瞇眼笑著說，「我也是一樣啊！」

陳世雄不是「超人」，卻用「超人」的意志實踐自己的理念救地球。如果每個農民都能跟著他一起從自身改變，讓有機不只是理想而能落實為生活的一部分，友善土地的人多了，地球自然能永續美好。「你我都不是土地的所有權人，我們都只是土地的保管者，既然如此就應善盡保管責任，照顧好土地，讓下一代的人來到地球上，能呼吸到乾淨的空氣，喝到乾淨的水。」這是老校長堅定不變的信念，而農業是他一生的志業。

> 你我都不是土地的所有權人，我們都只是土地的保管者，既然如此就應善盡保管責任，照顧好土地，讓下一代的人來到地球上，能呼吸到乾淨的空氣，喝到乾淨的水。
>
> ——陳世雄

SDG 實踐

文／徐沛緹

◆推廣永續農業，實踐淨零碳排

二〇二四年六月，歐盟氣候變遷監測機構提出警告，過去一年，每一個月都創下史上最熱紀錄。平均氣溫甚至比工業革命前高出了攝氏一．六三度，未來還有機會再創新高。聯合國呼籲各國應儘速採取緊急行動，阻擋「氣候地獄」來臨。

國科會與環境部發布的二〇二四氣候變遷報告也指出，台灣氣候變遷加速，二〇六五年的台灣恐再無冬天，許多產業與農業將受到災損。而天氣愈熱，心血管、憂鬱症等疾病風險，亦將隨之增加。

早在二〇一五年，全球上百個國家便已共同簽訂《巴黎協定》，承諾控制地球升溫，維持在工業化前每年上升攝氏一．五度的目標之內。因為一旦超過這個臨界點，高溫、乾旱、暴雨等極端天氣的發生機率將會大增。然而舉凡工業、交通、農業、畜牧業等人為產生的溫室氣體，一旦排放到大氣層，都會吸收熱能，使得地表升溫。其中造成全球暖化的最大元凶就是二氧化碳，所以降溫必須從減碳開始。根據《巴黎協定》，如果要控制地表升溫，我們必須最晚在二〇五〇年前，實現人為溫室氣體排放與碳匯吸收平衡，達到淨零排放，地球才有轉機。

SDG 13「氣候行動」旨在完備減緩調適行動，以因應氣候變遷及其影響。一輩子在大學農學院任教的陳世雄，退休後歸隱田園，他認為化肥、農藥從製造過程到施用，以及運輸和操作大型農機的過程，都會產生大量碳排，估算下來農業就佔了三分之一的碳排量，所以「地球興亡，『農夫』有責」。

陳世雄認為他有責任為農民做示範，以多年從事教學和有機農業運動的經驗，他發展出零碳排、零污染、零廢棄物的農業經營模式，在自家農場示範如何以動物與作物共同生產：養鵝除雜草，養鴨控制生態池的福壽螺，利用豆渣廚餘和動物廢棄物養殖黑水虻分解廚餘。以輪作、間作，建構自然有機作物栽培。

愛因斯坦曾說，沒有蜜蜂，人類活不過四年。蜜蜂是生態指標，陳世雄也以蜜源植物養蜂，蜂蜜還能為農人帶來穩定的經濟收入。此外，他還遍植上百棵樹木抵銷碳排，如今陳世雄的農場已經由碳盤查，達到零碳排的成績。

陳世雄希望以這樣的經營模式帶動農民，喚起農民共同為控制地球升溫而努力，減少農業廢物和農藥污染，同時也更能實現環境、社會與經濟三方面的永續。若是青農能賺到合理收入，老農也能獲得健康，永續並非遙不可及。而這正吻合了面對氣候變遷衝擊，SDG 13「氣候行動」的細項目標，強化應對氣候變遷的適應力與災害復原力。

◆從田間教育到政策倡議，強化農民韌性

陳世雄經常在網路的農業論壇上，關切農夫們的討論話題，不外乎何時施化肥？何時噴農藥？不免感慨，他推廣有機多年，願意改觀的農夫還是不到一半。退休後，他憂心的不是老之將至，而是農業問題。他仍四處受邀演講、授課，受聘為彰化、嘉義、花蓮等多個縣市的縣政顧問、有機農業諮詢委員，同時開放自己的農場，歡迎各團體與農民來學習有機栽種，與養殖黑水虻的技術，繼續推動食農教育和循環經濟農業，希望帶動農業，減少對地球的傷害。

退休前，陳世雄在南華大學成立了永續中心，協助農業零碳排，團隊曾赴花蓮教導農民相關知識，並向農政單位爭取，農田免費碳盤查的經費補助。SDG 13「氣候行動」的細項，包括建立應對氣候變遷的減緩、調適、減輕衝擊和及早預警知識，加強教育以提升機構與人員能力。氣候行動不只是國家的責任，人民也該建立認知並有所作為。陳世雄甚至認為，民間的腳步可以再快一些，以引導政府、機關、學校向前走。

此外，將氣候變遷的應對措施，納入國家的政策戰略和規劃，也是 SDG 13的細項之一。陳世雄身體力行，推動《有機農業促進法》，將減少農業汙染納入長期的政策規範，以「健康、生態、公平、關懷」引領消費者和生產者共同關注，法案歷時七年終於通過。立法難，推動更不易，必須一步一步來。陳世雄在法案中主張「環境友善生產」，便是先藉由減少農藥和化肥的目標，達到環境友善，未來再進一步全面走向有機，鼓勵更多農民投入。

陳世雄退休後，每天仍行程滿滿，務農、寫作、演奏、四處受邀推廣有機農業，他每天精力充沛不覺得累，更大聲疾呼「地球興亡、農夫有責」！

◆循環農業減碳排，打造面對極端氣候的永續解方

這兩年，陳世雄開始推廣「土坵」，深挖掩埋坑，投入廢棄枝幹、樹葉、廚餘後，以土壤覆蓋成土坵。七、八年後，土坵下就是肥沃的有機土壤了。如此就不需要燃燒生物炭，作為土壤改良劑，也不會產生二氧化碳與PM2.5。

氣候變遷與地球暖化多由人為活動所造成，這些惡果也終將由人類承擔。世界銀行預估，到了二〇五〇年，將出現至少二．一六億的氣候難民，這些人將面臨莫大的生存危機。有人形容，氣候變遷將是一場對人類的大屠殺。

陳世雄實踐了零污染、零碳排、零廢棄物的循環經濟農業，並致力帶動農民一同參與。而除了農業，其實各行各業，都能找到自己降低碳排的方式，減緩全球暖化的速度，更應該是每一個領域、每一位地球公民共同的責任。

TO DO LIST

★陳世雄的 SDG 實踐

以循環農業減碳排，防止地球暖化。

★我可以怎麼做？

✔ ______________________________

✔ ______________________________

《一步一腳印　發現新台灣》
【老校長救地球計畫】
▼影片這裡看▼

Take urgent action to combat climate change and its impacts

SDG 14

保育海洋生態
守護海洋的家庭主婦

人物 陳映伶

文／詹怡宜

SDG 14

「你也許也跟陳映伶一樣，從來沒想過有一天人生會轉彎，看到完全不同的風景。」記者李晴在報導陳映伶時，以這段文字作為開場。

我很喜歡李晴的這個提點。確實，我們都常幻想著不一樣的風景，但總以為風景切換的時機點是等老天、看運氣。但是陳映伶的風景切換卻是來自她自己一點一滴的小行動、小靈感，小小的起步後來越滾越大，最後形成大海般的美好風景。

陳映伶本來是媒體人，為了照顧年幼孩子成為全職家庭主婦。她最初展開的小行動是到基隆國立海洋科技博物館當志工。花一點時間受訓，多接觸新知與人群，這確實是全職媽媽轉換風景的抒壓方式。想不到，陳映伶後來竟把志工做成了志業。

當初只是從一名平凡家庭主婦到海科館當志工，陳映伶想不到自己後來會成為從九孔池復育出珊瑚的「珊瑚媽媽」。

「帶領了上百場淨灘，我們還是撿不完海邊的垃圾。其實有點沮喪。」看著採訪那天鏡頭下的陳映伶，確實能理解那種沮喪。沿著海岸邊的高潮線一路走著，瓶蓋、針頭、傢俱、還莫名看到一個假人模特兒，嚇人一跳。「撿得完嗎？有意義嗎？」挫折感通常就是這樣來的。不少抱著理想來淨灘的人，後來也被髒亂和挫折感打敗。

一般人通常是在這種時候退縮的，但陳映伶卻在此時更向前跨一步。「我轉念一想，這是我存在的意義吧。哈！」她說這代表需要做的事還很多，「如果真能讓人在三個鐘頭的淨灘中產生願意行動的念頭，那我就成功了。」她甚至為此成立協會，想影響更多人一起加入守護海洋的行列。

陳映伶租下九孔池，慢慢找出在池中栽培珊瑚的方法。

然而之後真正讓陳映伶將目光轉向更深層的海洋議題，契機則是潛水。當她學會潛水，潛入東北角的海底，被那片湛藍所吸引的同時，也親眼目睹了珊瑚白化的嚴重情況。教練告訴她，與二十年前相比，台灣周遭海域的珊瑚少了許多。陳映伶把這個警訊放在心上，「那我們能做什麼？」

一個偶然的機會，她在貢寮海邊發現一口廢棄的九孔池。在這片看似荒廢的水域中，竟然發現珊瑚，魚群自在地穿梭其中，這分明是一個迷你的海洋寶庫——她靈光乍現：「九孔池可以復育珊瑚！」

當她真的發起「尋找九孔池計畫」，想租借九孔池來養珊瑚時，很多人笑她在做夢。畢竟，九孔池是用來做生意的，養珊瑚能賣掉賺錢嗎？

陳映伶顯然不是輕易打退堂鼓的人。

要能把一個史無前例，且聽來過度夢幻的靈感付諸實現，需要很強的說服力和專業的信心、很大顆的心臟，以及願意跟著走的朋友。

十年前，她真的租到一座九孔池，也爭取到企業贊助，與潛水教練和海洋專家一起投入復育行動，展開她的夢想大實驗。只是接下來執行過程也不容易。他們不定期下水查看，一開始珊瑚長得健康美麗，但不久也遭遇白化、海水交換不足等問題，過程遠比想像中艱辛。陳映伶卻從中展現了驚人行動力：不僅自己不斷學習相關知識，更積極請教專家，調整復育方法。

十年來，陳映伶已經成功養殖出三、四千株以上的珊瑚，復育種類超過 120 種。

為了克服珊瑚白化，他們嘗試調整水質、控制光照；為了改善海水交換，他們設計更有效的循環系統。

遇到困難時，當然也會感到挫折，但陳映伶性格中可能有著不服輸的強悍。她不放棄，總嘗試各種方法，努力為珊瑚尋找更適合的生長環境。「這些珊瑚是那麼的脆弱，如果我們不做，牠們可能會真的消失了，就覺得還是要堅持下去。」對她來說，重要的或許不是最終能復育多少珊瑚，而是她曾經努力過，曾經為這片海洋付出過，這份付出本身就已經充滿了意義。

她的目標不僅僅是讓珊瑚在九孔池中存活，更希望能讓這些復育的珊瑚，有一天重返大海，成為孕育新生命的種苗庫。這個夢想，在某些人看來或許有些遙遠，但卻是支撐她不斷前行的動力。

陳映伶的思考很簡單，人們不斷地從海洋索取資源，那麼，有沒有可能透過自己的力量，為海洋找回一點點生機？即使個人的力量微弱，但她相信，每一個回饋海洋的善意行動，都能像水滴匯聚成流，最終帶來改變的力量。

從一座九孔池開始，陳映伶為遭受破壞的海洋埋入一點重生的希望。

種珊瑚的行動十年了，她持續潛水，也從九孔池的珊瑚花園裡看見感動。「一個枝狀珊瑚，從一開始沒有魚，到現在很多雀鯛躲在縫隙裡面看你……我感受到自己實際做了一個家給它們。」她已成功復育超過上千株珊瑚，並持續透過推廣海洋教育，讓更多人關注海洋生態問題。這幾年因ESG，她開始受到企業重視，邀請合作復育珊瑚。

在她身上，我們真實見證了一位平凡的家庭主婦，如何從關注一個議題，一步一腳印地投入，最終成為海洋環境鬥士，也因而在自己的人生中看見完全不同的風景。海洋那麼大、環境問題那麼多，她從一座九孔池開始的行動，不見得是整個地球問題的大解方，但有行動就能成事，這也帶給自己及其他參與者尋得意義與成就的快樂。她在廢棄九孔池中，為海洋種下重生希望。

當初為了小孩離開職場，後來自己卻又投入保育戰場。如今兩個從小常常聽到媽媽說「抱歉，今天要去當志工」的孩子們，也和九孔池裡的珊瑚一起被照顧長大了。他們也常跟同學說：「我媽媽在種珊瑚！」多麼特別啊。家庭主婦媽媽成為台灣的珊瑚媽媽，海洋帶給她成就與快樂，她也擔負起持續為地球盡一份力的使命！

> 如果能讓人在三個鐘頭的淨灘中產生願意行動的念頭，那我就成功了。
>
> ——陳映伶

SDG實踐

◆復育珊瑚再生，重建海洋多樣性

文／徐沛緹

海洋覆蓋地表大約百分之七十一的面積，而地球上百分之九十七的水，都在海洋中。海洋也是世界上最大的生態系統，近百萬個物種的家，它支撐著地球的生命、調節氣候，還蘊藏著巨大的發展潛力。但令人憂心的是，海洋污染與日俱增，據聯合國統計，二〇二一年有超過一千七百萬噸垃圾堵塞海洋，到了二〇四〇年，恐將增加一到三倍之多。

SDG 14「保育海洋生態」便是為了確保生物多樣性，並防止海洋環境劣化。其要點包括大幅減少海洋汙染、保護與復原海洋生態、減緩海洋酸化、落實永續漁業、提高海洋資源永續的經濟效益等目標。

陳映伶在學潛水的過程中，目睹汙染正侵蝕著海洋、生態遭受破壞，動念復育珊瑚已有十年。珊瑚有著怎樣的重要性？美國大自然保護協會（The Nature Conservancy）二〇二一年為夏威夷的珊瑚礁，簽下美國首張珊瑚專屬保單。一旦珊瑚礁遭受颶風或熱帶風暴破壞，將快速獲得理賠得以修復。

珊瑚為夏威夷帶來十二億美元的觀光經濟貢獻，它還能減少百分之九十七的波浪能衝擊，是抵抗氣候風暴的第一道防線，也是海中的熱帶雨林，上萬種生物的棲息之所。然而極端天氣導致海水升溫、海洋酸化，使得珊瑚排出共生藻類，造成白化，容易死亡。研究發現，全球有一半以上的珊瑚，正受到高溫影響，牽動著整個海洋生態與漁業失衡。

SDG 14「保育海洋生態」細項目標包含保護海洋和沿海生態系統，以避免重大不利影響，包括加強其復原力，並採取行動恢復海洋，以實現健康和物產豐富的海洋。了解到保護珊瑚至關重要，陳映伶先租下九孔池，與潛水教練在池裡搭建基座；繼而請教了養殖、水土保持等多位專家後，才終於找出在池中栽培珊瑚的方式，待將來珊瑚長成，再讓它回歸大海。

二〇一五年開始種植珊瑚的陳映伶，如今種植面積已達四百坪，成功養殖出軸孔珊瑚、雀屏珊瑚、微孔珊瑚等三、四千株以上的珊瑚，復育種類超過一百二十種，分別分布在三個九孔池與兩座漁港中。而珊瑚縫隙間已可見魚類小雀鯛圍繞，形成數十個生態系。若以珊瑚平均年成長五到十公分推估，長成一簇簇美麗珊瑚指日可待。

◆推廣海洋教育，讓保育從認識開始

為了推廣海洋教育，同時也考量安全性，陳映伶拆分種植珊瑚的工序，讓參加體驗課程的民眾，在陸地上就可以將珊瑚苗植入盤中，再由專業潛水員潛入九孔池下放置。累計至今，每年約有四百人次參與復育珊瑚的體驗課程。

有了衆人加入，珊瑚種得快，只是每逢颱風，就捲入大量海底垃圾，導致珊瑚苗遭到破壞。SDG 14「保育海洋生態」的細項目標還包括預防並大幅減少各種海洋污染，特別是陸上活動造成的海洋污染，包括海洋廢棄物和營養物，如農業或工業廢水等污染。然而，根據致力減少塑膠污染的非營利組織「五大環流研究所」（5 Gyres Institute）二〇二三年調查顯示，海洋裡的塑膠垃圾恐在二〇四〇年前，增加為目前的近三倍。聯合國統計，海洋中的垃圾也會對環境和經濟產生重大影響。每年有五到一千兩百萬噸塑膠進入海洋，約造成一百三十億美元損失。陳映伶在種植珊瑚的體驗課程中，會帶領民衆一起淨灘，呼籲大家減少製造垃圾，善待海洋。十年來她已舉辦超過上千場淨灘活動，藉由活動、演講與授課，帶動更多人關注海洋議題。

活動中，她也會提醒大家，認識海洋就該從出發前先看天氣，如何安全地接近海洋；此外，不要穿人字拖，防止腳被刺傷、注意防曬，但避免使用對海洋有害成分的防曬油等，全面傳達接觸海洋的相關知識。

而遇到釣客時，陳映伶總愛勸說「帶走大魚，別捕小魚」。聯合國呼籲，海洋正處於緊急狀態，海洋環境惡化，加上過度捕撈，導致全球超過三分之一的魚種枯竭。陳映伶推廣海洋教育的使命，又多了宣導永續漁業這一項。

不論最終能復育多少珊瑚，對陳映伶來說，曾經努力為這片海洋付出過，本身就有意義。

◆攜手企業跨界合作，共築永續藍色經濟

企業日益注重永續，陳映伶也陸續收到邀約。一家水泥業者投入千萬，與她持續四年合作在花蓮和平港推動港區內的珊瑚復育，至今已成功種植上千株珊瑚，並獲得二〇二四年國家環境教育獎特優獎肯定。

還有電子製造業大廠贊助陳映伶的珊瑚研究計畫；金融、電子與食品業，也紛紛帶領員工一起參與種植珊瑚，學習保育海洋的知識。有家美妝品牌更將銷售所得提撥捐贈，連續五年贊助，並調整旗下防曬產品的成分，使其對海洋生物成長與生殖無害，避免環境賀爾蒙，友善海洋。

陳映伶的訴求從最初乏人問津，到後來企業、政府、海科館、海生館等單位都相繼投入，珊瑚復育的行動，也從實驗性質逐漸走向規

模化。雖然受到汙染的海洋無法一夕復原，要重建一整片珊瑚礁，更需歷經數百萬年光陰，但透過種回珊瑚，為大海找回生態系、為氣候變遷找解方，已可見到多方攜手共同努力的曙光。

TO DO LIST

★陳映伶的 SDG 實踐

復育珊瑚再生，保護海洋生態。

★我可以怎麼做？

✓ ______________________

✓ ______________________

《一步一腳印　發現新台灣》
【守護海洋的家庭主婦】
▼影片這裡看▼

Conserve and sustainably use the oceans, seas and marine resources

SDG 15

保育陸域生態
金山小鶴與生態大俠

人物 邱銘源

文／詹怡宜

SDG 15

好故事不需太多主角，也不必冗長曲折，僅僅一隻來自西伯利亞的小白鶴就很足夠。群體中只要有故事，就能一同期待、一同揪心、或喜或悲經歷滿是張力的每一刻。例如這隻小鶴。

二〇一四年冬天，一隻體長一百四十公分、全世界不到四千隻的嚴重瀕危動物落單，意外現身金山清水濕地，瞬間成為賞鳥界和國際保育界的大事。我們至今仍記得這隻迷路的西伯利亞白鶴，亦步亦趨跟在老農身後吃福壽螺的可愛畫面，賞鳥攝影聚集拍攝、媒體直播、小鶴水田成為熱門景點，牠也總不讓人失望，動作多、肯親近人，充滿戲劇性。二〇一五年底有一天牠孤單的身影突然現身松山車站廣場，警方、媒體、動保團體忙了一整晚，以為多一隻迷路小鶴，後來確認這隻飛到都市來的突兀嬌客，又是我們的好奇寶寶網

這是2014年小鶴抵達金山第一天的照片，這場「金山水田奇遇記」總共在台灣上演521天。

紅大明星金山小白鶴。當時生態專家邱銘源還特地趕到松山幫忙。

其實小鶴幫了邱銘源更大的忙，那是邱銘源正需要故事的時候，小鶴迷航落腳金山的五百多天給了邱銘源一個絕佳的故事題材，引起了社會大眾對金山清水濕地的關注，也為邱銘源推動的友善耕作計畫提供意想不到的契機。重點是，邱銘源接得好，完全沒有浪費這個從天而降的故事，他成功讓小白鶴成為有機耕作理念的代言人，恰到好處地將「金山水田奇遇記」轉化為一場精彩的環境教育教材。

邱銘源擅長說故事，而且他本身就很有故事。原本在國道新建工程局公務員的穩定工作做了十七

LIFE ON LAND

邱銘源拜託農民不施農藥、不放除草劑，給來作客的小鶴舒適自在的生態環境。

年，才滿四十歲他竟然就辭職了。從一位蓋高速公路的工程師（他所謂的「搞破壞」）轉為在民間基金會維護生態的倡議者。而他的倡議方式還不只是意見表達，這位後來在生態保育江湖上被稱作「大俠」的環境行動者認為，台灣的生態問題要從農村開始，走進金山，先是復育八煙聚落水梯田，二〇一三年再來到清水濕地推廣友善耕作。

怎麼推廣呢？邱銘源提出以兩倍價格向農民租地要求不施農藥，當初被當成詐騙集團。再想到以生態補貼的方式，用優於市場的條件，收購不使用農藥的農作物。儘管真誠開始感動幾個人，但仍有人態度強硬說他們這個只顧鳥不顧人的「小鳥協會」「再過來提什麼國家濕地，就打斷腿……」。

郭阿伯願意在休耕的水稻田裡放水，讓小鶴休息，後來他們彷彿也發展出了動人的情誼。

小鶴常常出現在蓮花田裡，亦步亦趨跟著黃正俊老農。

媒體與來自各地的攝影師紛紛前來捕捉小白鶴的一舉一動，小鶴水田頓時成為熱門景點。

就在碰壁和溝通一年後，小白鶴飛來了。起初只是牠意外停留在金山農民黃正俊先生的蓮花田吃福壽螺為主食，但當牠開始大量啃食蓮藕作物時，卻讓黃老先生非常煩惱，擔心血本無歸。於是邱大俠的俠義性格冒出來大器說：「今年收成都算我的。」老農果然被邱銘源的真誠和通人性似的可愛小白鶴所打動，也爽快同意不在稻田裡施放老鼠藥。至於隔壁已休耕至少十年的水稻田，大俠特別央求主人在田裡放水讓小鶴棲息，結果黏人不怕生的小鶴與主人郭阿伯也因日夜相伴自然互動，發展出彷彿祖孫般的動人情誼。

直到二〇一六年五月北返回家，小白鶴在金山停留的五百二十一天中，黃老農為了小鶴犧牲蓮花田的蓮藕、郭阿伯為小鶴安排遊戲場地、邱大俠則是幫黃正俊契作認養的熊鶴米找到願意認養的民眾。幾位老農承諾不用農藥、化肥、除草劑，把環境棲地照顧好，讓小白鶴能自由飛翔。故事後來上遍國內外媒體，包括紐約時報、日本時報，俄羅斯西伯利亞時報更以

由於一直宣導請大家不要靠近小鶴，因此邱銘源跟小鶴也罕有合影。此為某日小鶴主動走向邱銘源時，捕捉下的難得一瞬間。

頭版大篇幅感謝台灣對保育動物的溫暖。

邱大俠自己也扛起攝影機守在田埂邊，細心捕捉小白鶴從覓食到休憩，或優雅或淘氣，甚至面對颱風來襲時勇敢面對的身影，將影像素材剪輯製作成紀錄片「小白鶴的報恩——來自天堂的信差」。忠實呈現當地居民從最初的好奇、轉為關心，乃至最終主動保護小白鶴，甚至願意調整耕作方式的轉變。二〇一八年的金鐘獎頒獎典禮上，邱大俠的團隊以這支影片榮獲非戲劇類節目的最佳導演和最佳剪輯兩項殊榮，我們衷心佩服這位生態倡議者竟也是專業的敘事專家。

之後，成為導演的邱銘源繼續

拍攝不同的生態紀錄片故事，也仍然關注金山清水濕地的發展，致力於推廣友善耕作和生態保育的理念。我想他一定不曾後悔過四十歲那年做出那場人生轉彎的決定：據說是微醉狀況下，領了二十二萬退休金瀟灑轉身。

《一步一腳印》採訪時，他告訴記者李晴當年離職的故事。原來他的斜槓轉彎與追夢跟媽媽有關，小學沒畢業做家庭美髮的六十歲媽媽，那年竟然拿到攝影比賽的大獎，「愛鳥阿嬤邱盧素蘭」以初學者身份成了業界響叮噹的人物。這讓邱銘源驚覺，原來圓夢無關年齡身份，只差有沒有執行力。初接觸攝影器材的母親，每天認真拍，「你只要給她一個立足點，她可以撐起一個世界。每天只做一件簡單的事情，竟然可以讓她拍出一片天地來。」邱銘源想著：「她六十歲，我四十歲，那我能做什麼？」於是辭去工作陪母親拍攝也投入環境復興工作。母親第一次拍的鳥就在金山，在她過世之前告訴大俠，金山曾經到處是耕地，鳥類眾多，「希望再把這樣的土地找回來」。這正是邱銘源選擇在金山推動生態復興的原因。

如今，金山的八煙、兩湖聚落陸續進行改造，清水濕地已有更多農戶加入有機耕作的行列，更有越來越多的公部門和民眾參與生態保育的行動中。四十歲開始追夢的大俠跟他當初形容自己媽媽一樣：「給她一個立足點，她能撐起一個世界」，邱銘源用一個小白鶴的故事影響金山農地，用紀錄片帶動更多人關注土地環境，他也用說故事撐起一群人共同追求夢想的理想境界。

2016 年，小鶴即將飛離台灣前，已經長成美麗的西伯利亞白鶴。邱大俠說，「鳥來是偶然，鳥走是必然」，然而，金山農地少用農藥了，螢火蟲也來了。小鶴為金山創造的精彩故事已經留下來了。

媽媽說以前金山的鳥非常多，到處在耕作。
曾幾何時，老農不斷凋零，田地越來越少。
她臨終前對我說，我們應該再把這樣的土地找回來。

——邱銘源

SDG 實踐

文／徐沛緹

SDG 15「保育陸域生態」在於保育及永續利用陸域生態系，確保生物多樣性，並防止土地劣化。

包括恢復退化森林、對抗沙漠化、預防瀕危生物滅絕、保護物種遭盜獵等守護陸域生命目標。地球上的生態系統，對於維持人類生命至關重要，它們貢獻了全球過半的GDP。然而聯合國警示，世界正面臨著氣候變遷、污染和生物多樣性喪失等三重危機。二〇一五到二〇一九年期間，每年至少有一億公頃健康多產的土地退化，影響了十三億人的生活。

二〇一四年，金山意外飛來了一隻迷途小白鶴，牠的到訪也為長年投入當地生態復育的邱銘源，帶來恢復地力的助力。

◆保育金山陸域生態

二〇一六年小白鶴離開後，當地農民不噴農藥，創造友善棲地的成果，根據邱銘源團隊長期統計，金山陸續飛來了上千隻黃頭鷺過境、四十六隻被列為瀕臨滅絕的保育類動物黑面琵鷺，首次停留金山，以及一級瀕危的鳥種四隻東方白鸛。

二〇二一年東方白鸛現身金山，由於牠們經常停留電線桿上棲息，吸引不少愛鳥攝影到訪。鳥友一度協同民代會同台電共同會勘，爭取改善當地電線桿，加裝瓷罩等絕緣裝置避免觸電，保護到來的嬌客。

在邱銘源眼中，這些由小白鶴帶來的鳥類朋友們，使得金山生態愈發豐富，紀錄鳥種已達兩百六十五種、增加二·三六倍、數量多達十倍之多。蟲鳴鳥叫圍繞的金山，現在也是黑鳶的重要棲地。山羌、白鼻心等陸域生物，也陸續出現在金山的八煙聚落。而金山的水域中，毛蟹、鱔魚、瀕臨絕種的赤腹游蛇都一一現蹤。

瑞士一項分析指出，人類恣意擴大活動範圍，使得動植物與其棲地慘遭破壞，導致生物流離失所、多樣性下降，全球五分之一國家的生態系幾近崩潰。SDG 15「保育陸域生態」細項提及，採取緊急且大規模的行動，減少自然棲息地被破壞，以及遏止生物多樣性喪失，並在二〇二〇年前，保護及預防瀕危物種滅絕。小鶴的到來，使得金山的棲地復育與生物多樣性再現生機。

◆復育棲地帶動友善耕作

SDG 15「保育陸域生態」細項目標亦提及，確保陸地與內陸淡水生態系統，及其功能運作。獲得保護、復原和永續利用，尤其是森林、濕地、山脈和旱地。

為了善待小鶴，金山的農地，茭白筍、蓮花，從第一位老農的〇·五公頃田地開始不用藥，後續帶動了當地友善耕作面積持續成長，至二〇一八年底至少增加到二十三．五公頃的耕種面積，並能夠部分供給在地食用。

根據農業部二〇二二年年報，台灣的糧食自給率僅三成，且逐年下降中。國際情勢與氣候變遷，都是糧食仰賴進口的變數。一畝自給自足的田何其珍貴，而農民願意改變用藥習慣，把土地恢復成原本的樣子，生態環境、作物生產都跟著變好了。

邱銘源與團隊繼而協助農友，申請田區樣本抽驗，與作物綠色友善標章申請。與加入協作的農友們共同遵守無毒無藥、保證在地友善生產、銷售回饋永續產業基金等生產與銷售規範。並打造小白鶴友善產業品牌，販售當地農產蓮子、茭白筍與白鶴最愛吃的蓮藕。清水蓮花田共三個實體攤位，每年可為農友帶來一百五十萬收益，提高農村所得。

◆活絡金山產業與環境教育

小鶴到來，讓金山熱鬧了起來，從長者、青年、孩童三代都看得見改變。邱銘源的團隊長期承租農友土地，作為金山的環境教育基地，從學童開始扎根，對學校、企業、社團持續舉辦生態食農課程。

小鶴飛離，最落寞的當屬經常帶著牠在田間散步的老農郭阿伯。惆悵的阿伯應在當地國小擔任老師的女兒之邀，擔任說故事志工和插秧志工，把他和小鶴互動的回憶一遍遍講給孩子聽，陪女兒共同投身環境教育，灌輸當地學童從小愛護環境生態。

每年五到九月，是小鶴停留期間，經常駐足的蓮子田採收的季節。自從蓮子多了銷路，當地的十多位長者，大家聚在一起手工剝蓮子、話家常，也給自己賺些零用錢。千歲剝蓮子團成團，使得農村長者人力得到再運用。

小鶴還喚回了青年返鄉，陸續有青農回流接手家中田地，投入友善耕作。小鶴停留金山的五百多個日子，曾吸引來三萬多人次觀賞與攝影，還有遊客專程由國外造訪。一位曾在旅行社工作的返鄉青年，規劃了北海岸美景結合美食的白鶴觀光巴士遊程。

邱銘源相信人是改變土地的關鍵，解決經濟問題，才能改革土地與生態問題。順著小白鶴的奇幻旅程，金山的觀光、農業與生

邱銘源四十歲時辭去工程公務員的工作，成為生態倡議者，期待透過友善農業，翻轉土地的未來。

態，日漸形成經濟規模。帶來了邱銘源所期待的：以人性的美好，讓生態保育、友善農業與復興農村，在這片土地上持續發生。

TO DO LIST

★邱銘源的 SDG 實踐
接待迷途小白鶴，推動金山生態圈。

★我可以怎麼做？
✔ ______________________
✔ ______________________

《一步一腳印　發現新台灣》
【金山小鶴與生態大俠】
▼影片這裡看▼

Sustainably manage forests, combat desertification, halt and reverse land degradation, halt biodiversity loss

SDG 16

和平、正義與健全制度

兒子教我的山海功課

人物 博崴媽媽

文／李晴

二〇一一年二月二十七日

大學生張博崴　獨自攀登南投縣白姑大山

失蹤五十一天後　遺體才在溪谷中被尋獲……

一場原本可能只停留在新聞版面幾天的山難，卻為台灣的山林安全教育敲下一記警鐘。因為這名罹難的大學生，有位緊咬真相不放的母親——杜麗芳，更多人認得她的名字，是「博崴媽媽」。

事件發生當時，警消與國軍動員逾六百人次，啟動當時全台規模最大的搜山行動，卻歷經五十一天依然無果。最終，是兩位經驗老到的山友，僅花不到兩天，便在溪谷尋回了

SDG 16

G INSTITUTIONS

博崴爸媽在山難中失去愛子，博崴媽媽化大悲為大愛，長達十多年推動修法，促成保險、救援、通訊及教育各層面的法規相繼通過，健全相關救難制度。

博崴的身影。

提起國賠敗訴後，博崴媽媽沒有選擇退讓，而是踏上一條長達十多年的「糾錯之路」，一步步推動制度改變，只為還給山林應有的安全，也為兒子的生命尋回意義。

《一步一腳印》節目採訪博崴父母的那天，已是事發第十年。他們與一群山友約好登山，也讓我們隨行記錄。集合地點在觀音山山腳，博崴媽媽短髮俐落，充滿活力，神情親切；一旁的博崴爸爸，瘦高、一頭白髮，溫文儒雅。兩人都有多年登山經驗，我心想：眼前這座海拔才六百一十六公尺

PEACE, JUSTICE AND STRO

的山，應該難不倒他們吧？

但我忽略了一件事——夫妻倆的心臟皆裝有支架。沿路盡是碎石彎路，只見博崴媽媽不時提醒七十多歲的丈夫要小心腳步。

「山難多數不是因為迷路，就是失溫。如果當初有人帶路、有經驗的嚮導或原住民協助，其實很多狀況都能避免。」這些年，原本不爬山的兩人，幾乎踏遍各地山頭，甚至重返帶走博崴的白姑大山。對他們來說，那不只是追索真相，更像是與孩子重逢的方式。「每次走進山裡，就覺得離博崴又近了一些。」

他失蹤了五十一天，才被發現。法醫推估，其實他在失蹤後五、六天就離世。但此後的四十多天裡，竟沒有人知道他早已倒臥深谷。

「帳篷頂有一隻紙鶴，應該是他寫下遺書後摺成的。那或許是他最後一點希望。但當我看到它時，那張紙早已被雨水浸透，只剩模糊的痕跡。」她輕聲說著。

那是母親無法承受的重量。即使找到了孩子，卻還是無法帶回。

「警消、國軍都帶不下來，我只好請來南投神鷹山區搜救隊和原住民山友，才終於讓博崴回家。當車就要上高速公路時，又被叫回去等當地檢察官相驗……真的很氣憤……」

每次重回山林，都是一次重新經歷失去。

那天登山結束後，我看到她眼神裡藏著掩不住的疲憊和悲傷。之後我們跟著他們回到家中，博崴媽媽帶我們進入兒子的房間，打開電腦，翻出照片與影片。

兒子離開後，博崴媽媽怕不做些什麼，會看到更多人受傷。這些年她每天只睡四個小時，用大量的時間坐在電腦前查資料，包括山難事件的始末、救難設備的評估、國防部購置救難直升機的檢討，甚至她還校對了直升機的使用手冊說明書。

張博崴，瘦高清秀，是中山醫學大學應屆畢業生，精通英、日、西三種語言，也是運動健將，曾遠赴加拿大接受山野營隊訓練。但就在二〇一一年，他獨自登山後，再也沒有回來。

「我想知道，為什麼他會走進那麼高的山？是什麼吸引了他？我也曾走進溪谷、攀上山峰，只為試著理解他當時的困境。他有沒有呼喚我？有沒有害怕？有沒有哭？」

她點開了一段影片，是博崴與同學登山時的片段：「我如果未來工作太累，第二個想做的工作是山導，像是帶人爬玉山那種。」兒子說得輕描淡寫，但對她而言，像一把刀。

「我是個失職的媽媽，竟然連兒子的夢想都不知道……」她緊握著滑鼠，眼淚落在鍵盤上，哭得近乎崩潰。

他們還有個女兒，是博崴的姐姐。姐弟倆原本計畫畢業後一起加入母親的補教事業，那是父母為孩子們安排好的人生路線。「如果時光能倒流，我一定會好好理解孩子真正想要的……」只是如今，一切都無法重來。

兒子離開後，杜麗芳每天只睡四小時。她長時間坐在電腦前查資料，深怕打擾先生休息，乾脆搬到兒子的房間，睡在那張單人床上。

她在忙什麼呢？答案就在房裡的書架上。

一疊疊厚重的文件夾，記錄著她夜以繼日敲打出來的成果：山難事件紀錄、搜救裝備評估、國防部直升機採購檢討報告，甚至還親自校對直升機操作手冊。密密麻麻的英文術語與數據，如同學術論文般精確羅列。

這些知識，她原本一無所知，甚至過去連山都沒爬過。

「因為我太不了解孩子了。」

二〇一三年，也就是博崴離開的隔年，她強迫自己振作，重新整理所有細節。她認為台灣最該改變的，第一是教育，第二是體制。

國賠敗訴後，她更積極奔走各部會、立法院，推動改革山難救援機制。她笑說，很

博崴媽媽連年舉辦山野學習營、山海教育論壇、創立面山學校、登山自救教育訓練，同時爭取開放急救裝置，希望普及山野知識，避免山難悲劇再度發生。

多官員一見到她就頭疼，「那個 troublemaker 又來了。」

但她不只是抗爭者，也是推動者。她攜手專業教官，走進各級學校開辦山野學習營、創辦「面山學校」、推動登山自救課程、舉辦山海教育論壇、倡議開放急救裝備……這些事，原本她完全不熟，卻一件件做起來。

「我發現，我不認識自己的國家，孩子也不認識，連搜救人員也不認識。這樣的教育真的該改變。」

兒子過世後，她才發現，許多人對台灣的山林知識貧乏——不知道迷路時不能往溪谷走，也不知道遭遇緊急狀況時該如何自救。因此她投入「面山教育」，希望讓更多人學會理解山、尊重山，也懂得如何平安下山。

她的行動感動了許多山友，有人稱她為「山路上的母親」。

十多年來，她為了推動山林教育，關掉補教事業，賣房，甚至背上債務。她說自己從不後悔。她與丈夫跑遍全台，一點一滴做著那些沒有掌聲的工作。

「博崴的生命，只有短短二十三年。但我希望，他能為這個社會留下意義。」

她始終相信，兒子用生命給她出了一道功課，讓她重新認識台灣的山林，也讓更多人開始重視體制與教育的斷層。這，就是博崴留給這個世界的珍貴價值。

愛的力量很大。我們看見一個母親，在巨大悲痛之下，仍選擇挺身而行，為更多生命鋪出一條回家的路。

> 博崴的生命，只有短短23年，但希望能為這個社會帶來意義。
>
> 回歸最本質的問題是，我不認識自己的國家，孩子也不認識，搜救人員更不認識，讓我覺得這樣的教育應該要改變。
>
> ——博崴媽媽 杜麗芳

SDG實踐

◆修法改善救難機制，為登山者鋪一條平安回家的路

文／徐沛緹

SDG 16「和平、正義與健全制度」旨在促進和平多元的社會，確保司法平等，建立具有公信力，且廣納民意的體系。這其中也包括降低暴力和相關死亡率、終結對兒童虐待、剝削與販賣、減少非法資金和武器流動、防止暴力和打擊恐怖主義及犯罪、提高政府效能與透明度，以及保障人人平等訴諸司法等目標。

歷經喪子之痛的母親博崴媽媽，化苦難為力量，為了爭取改善救難機制所付出的努力，便是為了健全相關制度，降低未來的傷害。

兒子發生登山事故喪命，博崴父母主張搜救不力，把南投縣消防局告上法庭，提起國賠訴訟。二〇一八年，三審定讞張家敗訴，但博崴媽媽說，無論輸贏她希望政府重視搜救系統。官司纏訟七年間，她強忍悲痛，先從法律著手，陸續參加陳情、公聽會，力推山難救助法案，為登山者爭取保障。

SDG 16「和平、正義與健全制度」的細項之一，在於促進國家和國際層級的法治，確保人

從一位在山上失去兒子的母親，到被山友稱之為「山路上的母親」，博崴媽媽的奔走讓更多人開始重視救難體制。他們一家人走入山林，像是期待與博崴重逢，更是一步步為山友們走出了平安下山的路。

人都有平等獲得司法的途徑。當初山難發生後，為了搜救投入了大量人力物力，耗費了三、五十萬元，對張家產生龐大的經濟壓力。因此博崴媽媽率先力推山難救助，於兒子發生不幸事故當年（二〇一一）就促成「登山保險」。

在此之前，台灣的保險公司沒有登山保險這項業務，如果在山上遇到失溫、蜂螫等狀況，則屬於灰色地帶，旅行平安險沒有給付。而二〇一一年起的登山保險，則涵蓋了直升機、緊急救護等搜救措施，萬一發生意外，可為當事人的家庭節省下龐大開銷。

此後，幾乎每一年，博崴媽媽都催生了一項關乎山友安全的法案。二〇一三年，她促成將野外也納入《緊急醫療救護法》。為了救兒子，博崴爸媽當年必須透過重重關係才能啟動緊急救護。而如今通過的這項法案，規範了救護車、直升機的山區救援器材規格，使得緊急救護醫護人員和山區吊掛器材的訓練，都有更完整的救災ＳＯＰ。二〇一四年，她推動《繩索技能與繩索技術員管理辦法》，替換了從前救難使用的繩索——原本的工業繩索又重體積又大，必須靠直升機載掛，若遇到天候不佳，直升機無法起飛，便會延誤救援。此後，又有二〇一五年的《山域嚮導授證管理辦法》、二〇一六年主張撤案管制入山及對人民施以處罰的《國家公園登山活動安全管理條例草案》，博崴媽媽認為，政府的角色應該是要完備山域救護系統，降低山難發生，而非以法令禁止民眾入山。二〇一七年，她提議《電信法》修法，開放衛星手機和無線電頻道，加強緊急聯絡通訊系統。

十多年來，博崴媽媽奔走立法、內政、教育、國防等各部會，她衝撞體制，四處請命，因而促成保險、救援、通訊及教育各層面的法規相繼通過，力促開放求救與自救工具、提升山域事故救援效能。她堅信，為登山者鋪一條平安回家的路，是兒子留給她最重要的使命。

◆推廣山林教育，從體制根源改變未來

SDG 16「和平、正義與健全制度」細項提及，應確保各級的決策皆能回應民意、兼容各方，並具備可參與性和代表性。

二〇一一年，博崴媽媽在立院舉辦「如何改善山難救助體制」公聽會，除了山林救難，更倡議應從教育著手，力促教育部將山野教育納入國中小學課綱。曾經營教育事業的博崴媽媽深知山野教育理念，影響歐美近百年，許多歐美人士喜歡與自然環境共處，也從中培養體能與毅力。她

曾數度把兒子送到國外參加山野夏令營，遺憾的是，還來不及讓兒子認識家鄉台灣的山林，就發生不幸。

山地面積約佔台灣總面積的百分之七十，但過往的學校教育多缺乏對山林的認識。在山裡失去兒子的媽媽，促成教育部體育署的「山野教育推廣實施計畫」，開啓各級學校師生進入山野的契機。將登山、溯溪、單車環島等活動融入教學，學習不再只是侷限於課本內。而是提升民衆關於山林環境和生態保育的知識，加強登山安全教育，建立正確的山野及登山運動安全觀念，以及如何減少山難的發生，都該被列為各級學子的必備知識。

二〇一七年，博崴媽媽在台東成立「面山學校」，主張用虔誠謙卑的態度面對山林，以積極勇敢的作為親近山林，學會安全的進出山林。該校將台東得天獨厚的美景如嘉明湖、都蘭山、向陽山、大武山等，納入國中小戶外教學景點；並規劃體驗式冒險探索教育，如高空探索、攀樹、登山等課程。自二〇一一年到二〇二四年，她舉辦了多達十三屆的面山面海教育與安全機制論壇，與各級學校面山面海大會師，至今已累計超過上百場次，以及破萬人的參與者。

參與搜救兒子的過程，也讓博崴媽媽開始關心揹工權益，爭取他們的工作時數，以及背負重量都應納入《勞動基準法》。她還發現搜救犬拉不拉多並不擅長爬山，得靠人工背負下山，從而向學者專家請益，推動復育台灣土狗。

內政部統計，二〇二三年出勤救援發生山難的人數達到七百八十六人，迷路、創傷、疾病與墜谷是民衆求援的主因。博崴媽媽關心的議題遍及山野知識與急難救助，她大聲疾呼：山林教育、風險管理都是避免發生不幸的重點，應從根源做起。

在山裡失去了兒子，悲傷的母親怕不做些什麼，會看到更多人受傷。於是她以一個人發聲，帶動了整個體制的回音，在SDG 16「和平、正義與健全制度」中，實踐民意的力量。

TO DO LIST

★博崴媽媽的 SDG 實踐

力促救難制度，推廣山林安全教育。

★我可以怎麼做？

✔ ______________________

✔ ______________________

《一步一腳印　發現新台灣》
【兒子教我的山海功課】
▼影片這裡看▼

Promote just, peaceful and inclusive societies

SDG 17

全球夥伴關係

東石滿修女採訪記

人物 滿詠萱修女

文／詹怡宜

SDG 17

菲律賓來的天主教修女來到嘉義東石鄉的聖心教養院，從照顧重度殘障院童到長照長者，全心投入弱勢照護已經三十多年。

——好的，講完了。滿修女的人生故事其實就這樣。沒有戲劇張力、沒有變化、沒有衝突，幾乎同一個地點同一套服裝，日復一日一成不變，簡單到我當年幾乎不知道如何切入報導，那是在二十年前，我們剛開始嘗試尋找《一步一腳印》該怎麼說故事的初期。

那時我們檢討自己的電視新聞中，為什麼總是譁眾取寵之人在發聲，想著要讓值得佩服的小人物也能成為新聞台裡被遞上麥可風講話的主角。於是找到了像滿詠萱修女這樣具有奉獻精神的人物，希望透過報導，為台灣社會帶來正面的影響力。

但問題是，一個新單元的推出難免得面對收視率壓力，要把滿修女的生活製作成一篇

THE GOALS

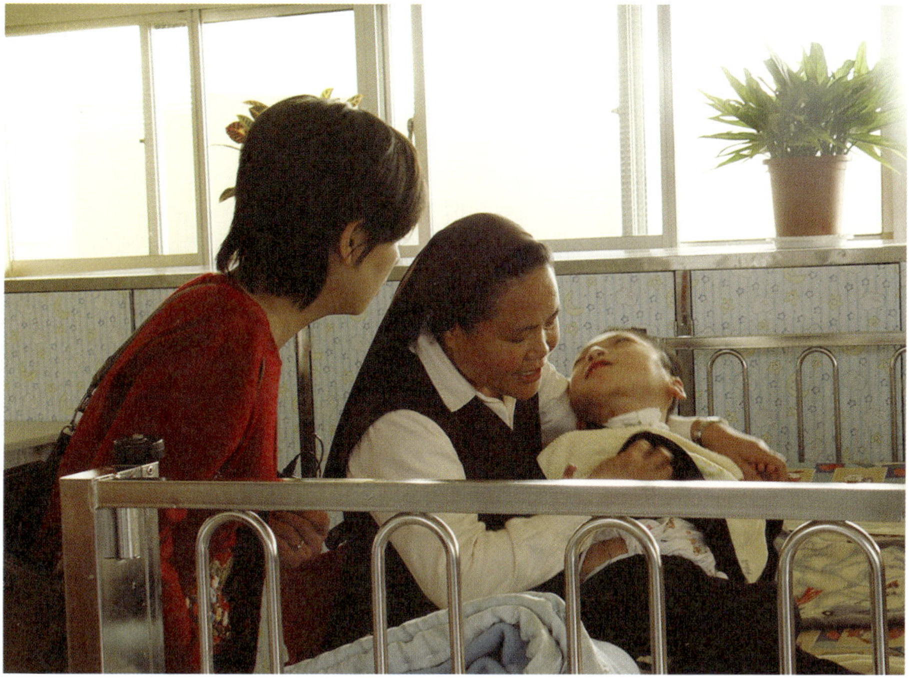

二十年前採訪滿修女時，除了她的笑容、口音令人印象深刻，她與重殘孩子的互動，那種全心付出愛的神情，更是深深刻在我的腦中。

專題報導，故事張力是什麼？起承轉合是什麼？如果故事不夠精彩，五分鐘以上的長專題怎麼讓觀眾不轉台？

滿修女難倒我了，我一直記得二十年前採訪時的困擾。沒想到這位中文不太好、生活平淡無奇的滿修女，後來竟成為《一步一腳印》報導過的三千多個人物故事中，對我個人意義最深遠的一位。甚至因為滿修女，我成了翰林版國小國語課文的作者。

當年採訪的場景，我至今仍印象深刻。那個簡單的故事確實留下後勁十足的衝擊。

那天我和攝影同仁一走進

PARTNERSHIPS FOR

聖心教養院，見到滿修女的第一印象是：她好矮喔，大約一百四十幾公分，但她的笑容好親切，一看就讓人喜歡。第二想到的是，糟糕，她的中文口音不太標準，溝通沒有問題，但可能會影響電視採訪效果。第三，我得設法問出有故事性的內容，才足夠撐起一則夠長的專題。

我們先在小教堂進行訪談，那時我已經知道她在菲律賓的大學讀藥學，決志成為修女後被分派到台灣的聖心教養院，與在台灣奉獻多年的蒲敏道神父合作。從教養院社工的文章資料中，我清楚她多麼疼愛院生：有藥劑師資格的滿修女細心照料病童、以矮小的身材學會開車，負責接送孩子送醫。她的愛心與耐心感動了許多曾與她互動過的人，我從訪談中也進一步感受到她的真誠與信仰，心中已很敬佩，但真正令人震撼的則來自後面的拍攝。

「訪問先到這裡，請帶我們去看妳的工作吧。」滿修女在訪談中眼神發亮地一再提及她照顧的那些可愛孩子，使得我理智上明明知道院童們的身體狀況，腦中卻一時無法與重度殘障連結。當打開房門的那一刻，我沒有做好準備，老實說，當時我僵住了。眼看有的孩子面無表情、不自主抽搐，也有的眼珠往上翻、流著口水，身子脖子癱軟著。我手足無措，眼睛該看哪裡？該保持禮貌擠出笑容嗎？卻總覺得不太自然。還沒回神過來，只見滿修女上前又親又抱，笑著說：「妳看，他們喜歡這樣啦。」然後她像是介紹家人般，開心指著要我看，這個孩子笑了、那個孩子長大了，神情有如父母親驕傲地炫耀自己的小孩。

五
唐怡宜
滿修女採訪記
改寫自唐怡宜東石滿修女

一位來自異國的修女，如何成為臺灣重殘兒童的守護天使？我藉著在嘉義縣東石鄉聖心教養院的訪談過程，認識了這位疼愛每個院生，如同疼愛自己孩子一般的滿詠萱修女。

身高不到一百五十公分、圓臉上堆滿笑容，一看就令人感到親切和藹。訪談過程中認識的滿修女，個性爽朗，幾乎[illegible]，例如，聊到她在十五年前，剛到臺灣學國語的經驗：「好難啊！有四個音呢！」她立即大變的反應，逗得我哈哈大笑。不過，當訪問結束，跟著她走進教養院孩子們的房間，那一刻才是我真正震撼的開始。

在此之前，看到滿修女描述孩子們的快樂神情，我一度以為這些孩子都很活潑、好動。走進房間，看到的卻是一個個行動不便、生活難以自理、幾乎面無表情的孩子。當我還沒有回過神來，滿修女已經走上前去對孩子們又抱又親，笑著對我說：「妳看，他們最喜歡這樣啦！」她開心的指著，要我

滿詠萱修女

聖心教養院

嘉 縣 詠 萱 藹 撼 逗

▲滿詠萱修女於 2007 年榮獲醫療奉獻獎。多年後，我們在醫療奉獻獎頒獎典禮（2020 年）巧遇，感謝她當年帶給我後勁十足的感動。

▼她的故事教給我簡單純粹的道理，也期望孩子們透過國小國語課本理解超越國籍種族的美善價值。

Your

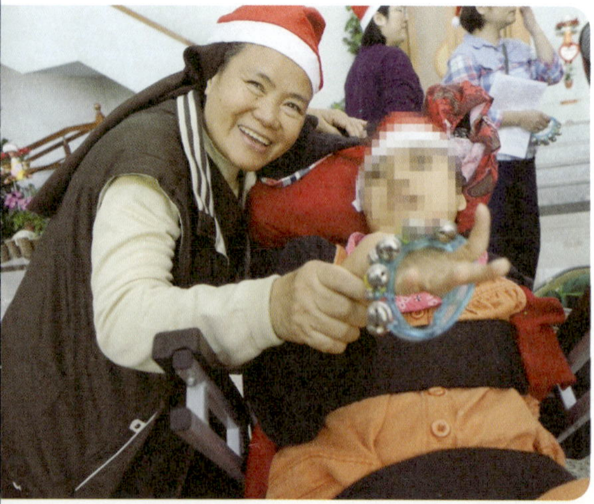

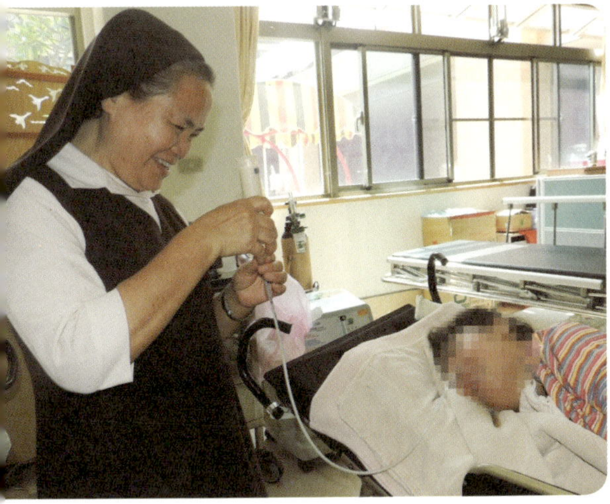

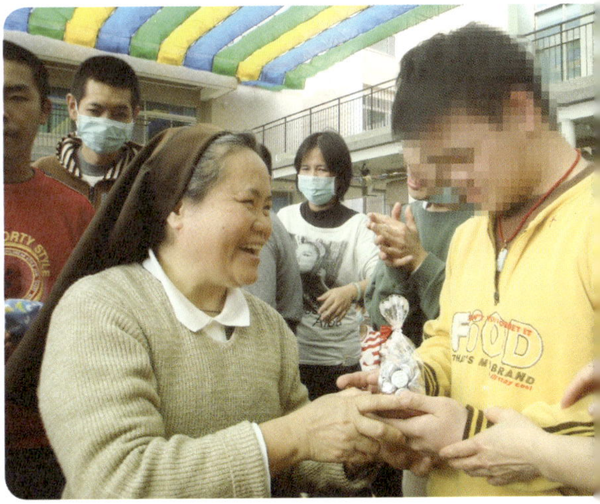

1：2018 年起，滿修女轉至老人長照機構服務。
2：用一樣燦爛的笑容陪伴年長者。
3：為失能者餵飯、沐浴、翻身，她認為愛是責任。
4：滿修女 31 歲就來到台灣，一輩子為台灣的弱勢族群服務。
5：1990 年菲律賓籍的滿修女來到嘉義，協助瑞士籍的蒲敏道神父照顧台灣的重殘孩童。
6：當年蒲神父要 140 公分的滿修女學開車，後來她成為最知道怎麼把聖心教養院生病的孩子快速送到醫院的人。
7：日復一日的照顧，一成不變的生活，滿修女仍然享受與孩子們的真誠互動。

跑新聞多年，我太常看到鎂光燈下關心弱勢的大人物了。多少能分辨得出是出於真誠，還是一邊動作一邊用眼角餘光找尋攝影鏡頭的宣傳動機。滿修女與孩子們互動的那一幕讓我明白，這位主角的動人之處很難向觀眾轉述，這不是可以精心架構起承轉合的故事發展，而是那一瞬間的感動。

但我還是得設法撐出個故事。不免俗地要問問看有沒有比較戲劇性的例子，例如：有沒有哪個孩子經過她的呵護照料後，漸漸進步？最好是奇蹟好轉，痊癒回家，這種小故事最有張力了。

「沒有啦！」滿修女說：「我們是照顧他們到上天堂。」

「永遠不會好？」我才意識到這裡不是醫院，即使滿修女具有藥劑師資格，也只能照顧，而非醫療。並沒有什麼振奮人心的案例。

這對我來說，是最困難的——每天沒有期待、沒有希望？這位菲律賓修女來到嘉義偏鄉照顧台灣的重度多重障礙病童，日復一日做相同的事，沒有終點。我忍不住問：「那妳的成就感呢？」人的工作不是都需要成就感嗎？

「成就感？」她的反應讓我一度以為她沒聽懂我的國語。停頓了一會兒，她說：「不知道，就是……很愛他們啊！」原來，愛的本身就是答案。當滿修女付出愛的時候，並不期望獲得任何回報，包括精神上的自我滿足，甚至也不期待他們變得更可愛。因為她愛的是這些孩子們現在的樣子。

接著，滿修女用帶著口音的中文說出了一段清楚的論述：「他們有一個權利，我們有一個責任。他們的權利是：『要愛我』，我們的責任是：『要愛他們』。」我覺得她用短短一句話完整解答了人生意義。

滿修女不用追求成就感，不必在乎結果，她的故事沒有起承轉合或精采結局，都不必。她只是重複每天相同的日常，一項單純而明確的使命：靜靜地、笑咪咪地付出愛，讓重殘的孩子們感受到她的愛，這就是了。

這則沒有戲劇張力的電視報導確實不好表達，但我後來已經不在乎了，只想與大家分享我的感動。我將這篇採訪感想寫下來之後，被翰林出版社選為國小課本中的一則故事，這篇滿修女不追求成就感的報導，反倒成為我人生最有成就感的事。

我承認這成就感一部分是源於名字被放在課本上的虛榮，但也更是因為自己終於把對滿修女的滿滿感動傳遞出來了，而且對象是國小孩童。這篇課文讓許多十一、二歲的台灣小學生認識了愛著台灣孩子的菲律賓滿修女，盼望他們從小感受到那種不分國籍、地域、種族、宗教的美善價值。

滿修女不太標準的國語和滿臉笑容擁抱重殘孩子的形象，自從採訪那天起，便深深刻在我的腦中。之後的二十年，每當我因為工作或家庭生活處於追求成就感的壓力中而感到挫敗時，滿修女抱著哄著這些困難重重的孩子，幫忙抽痰、擦口水、盡全力給予愛的畫面，便會浮上腦海。僅僅這一幕，就能達成療癒效果。

生命影響生命的過程中，無需長篇大論或高深學問，滿詠萱修女教給我最簡單純粹的道理。這也是《一步一腳印》這節目二十年來，對我最重要的故事。

他們有一個權利，我們有一個責任。

他們的權利是：「要愛我」，我們的責任是：「要愛他們」。

——滿詠萱修女

SDG實踐

文／徐沛緹

◆遠赴異鄉，付出一生照顧台灣弱勢族群

當疫情、戰事、極端氣候、貧富差距等各種難關發生時，弱勢族群在脆弱的社會中將更為弱勢。而近四十年前跟隨教會來到台灣，照顧重度身心障礙兒、服務失能長者的滿詠萱修女，她的人生故事寫著一段長期在台灣角落為弱勢付出的全球夥伴關係。

SDG 17「全球夥伴關係」的目標是呼籲各國都該採取行動，一個都不能少，透過多邊合作，動員及分享知識、專業、科技與財務支援，提供開發中以及低度開發國家必要的協助，以消弭國與國之間的差距。

根據世界銀行標準，人均所得超過一萬三千兩百零五美元即屬已開發國家。台灣的人均所得在二〇〇〇年已超越一萬四千美元，名列已開發國家之林。時間回推到一九八八年，滿修女來到的台灣，還是正在打拚經濟的開發中國家，身心障礙福祉還未太健全。她遠從家鄉菲律賓來到嘉義縣東石鄉的聖心教養院，二十四小時照顧重度身心障礙兒。有藥劑師背景的她，三十多年都在第一線服務，擔起緊急照護的責任，經常在半夜開車送孩子去急診。

二〇一八年轉至安納家園老人長照機構服務時，滿修女已經六十五歲了，她仍在為失能長者餵飯、沐浴，幾年前甚至還要輪大夜班，為長輩翻身、換尿布。曾和滿修女共事二十多年的安納家園院長張沛宸提到，疫情時，習醫的滿修女親手幫大家洗防護衣，有空還幫大家縫補衣物，平常感覺她幾乎沒有聲音，但從清晨起床祈禱後，就一直在工作，大家都很懷疑，滿修女都不用休息嗎？

事實上即便是休假，滿修女還在繼續為弱勢族群服務。她在警察局、外事單位為新住民擔任翻譯志工、陪伴就醫。每周日嘉義大林地區菲律賓移工的教堂聚會，也總會見到她奔走的身影。

為台灣奉獻超過三十個年頭，滿修女曾獲得民國八十六年及九十六年嘉義縣身心障礙福利有功人員、周大觀文教基金會全球熱愛生命獎章、第十七屆醫療奉獻獎、全國兒童守護天使獎及績優外籍宗教人士。同時，她也是嘉義縣第一位有特殊功勳於我國，在不用喪失原國籍情況下，取得我國國籍的外國人。

◆以愛為本的照護觀念，讓人有尊嚴有品質的活著

曾經有一陣子，機構裡的照護人力嚴重不足，大家都太累了。有同事跟滿修女商量，幫長輩洗澡的工作，可不可以從每天洗改為兩天洗一次？滿修女回說，三十多年來，他們都是每天為服務對象洗澡，身體的累是一點點的，但她希望被照顧者能一直感受到愛。

滿修女積極爭取讓身心障礙孩子們也享有「走出去」的權益。

即使人力不足，滿修女仍每天幫長輩們洗澡，之後接著整理環境，洗衣拖地。長期將這些都看在眼裡的台灣同事們開始思考，一位外籍修女對台灣付出這麼多，那我們呢？五十多歲時的滿修女，還在半夜開車送孩子急診；六十多歲的她，依然照顧著長輩，那我們是不是應該更努力一點？這樣的念頭，鼓勵著台灣的照服人員，思考照顧的核心，應該關注的是「人」，被照顧者也是一個獨立的人，照護該是讓他們有尊嚴、有品質的活著。

◆推動機構式安寧療護，爭取弱勢權益

十多年前，滿修女曾有個夢想，她希望帶著身心障礙的孩子到她的家鄉菲律賓旅遊。從那時開始，她和同事們想著，這些特殊的孩子為何不能出去玩？他們又可以怎麼做？

早年嘉義還是存在著城鄉差距，鄉村不比都市有身心障礙團體支持，也缺乏鼓勵身障者走出去的觀念。滿修女的心願，促成她當時服務的聖心教養院開始積極連結其他身障團體，共同爭取身心障礙者「走出去」的權益。例如，推動無障礙空間、易讀版圖示、障礙者周末休閒社團。經過這些年，滿修女帶著身障孩子出門時發現，大眾交通工具的駕駛，開始接納身心障礙者的搭乘。社會異樣的眼光不見了，總是有人伸出友善的手協助。雖然滿修女希望將身心障礙孩子帶到菲律賓玩的心願，至今尚未實現，但他們已經帶著孩子到日本參加拔河比賽，也帶著孩子們在台灣走透透。

長期照顧重度身心障礙者的滿修女，格外能體會生命盡頭的陪伴很重要。二〇一四年起，她開始推動機構式安寧療護，倡議讓人們在生命的最後，能少些往返奔波醫院。而今衛福部在獎勵計畫中，也已開始鼓勵留在機構安寧療護的方案。一路走來，個頭小小、總是在做事的滿修女，服務不分國界，已默默為台灣的弱勢照護帶來從人道關懷到催生制度的長遠影響。

過去曾受扶助的台灣，發展後也屢屢在國際間透過經濟或人道救援，盡一己之力。未來人類還要共同面對全球暖化、地緣政治、資源短缺、數位鴻溝依然存在等多種挑戰。而這些都有賴著國家、企業、學校、家庭等各個場域，在人我之間串起多元夥伴關係，打破界線，一同為永續共好努力。

TO DO LIST

★滿修女的 SDG 實踐

跨海來台，照顧台灣弱勢族群近四十年。

★我可以怎麼做？

✔ ______________________

✔ ______________________

《一步一腳印　發現新台灣》
【東石滿修女採訪記】
▼影片這裡看▼

Revitalize the global partnership for sustainable development

後記

徐沛緹

永續發展目標（Sustainable Development Goals）簡稱ＳＤＧｓ，出自聯合國二〇一五年為因應全球共同面臨的挑戰，所提出的《２０３０年永續發展議程》。其所講述的十七項目標，與其下共一百六十九則細項，我們也可以試著從馬斯洛的需求層次理論這個角度來理解，由最基本的生理需求，往上至安全需求、社交需求、尊重需求、到自我實現需求，對應到ＳＤＧ１「終結貧窮」至ＳＤＧ17的「多元夥伴關係」，正可視為是人的一生，依著永續的指南，從小我到大我的實踐。

當我們以ＳＤＧｓ的架構著手整理《一步一腳印　發現新台灣》二十年來近四千則的報導，是一個非常浩大的工程。但對照後會驚喜發現，自二〇〇四年開播後，節目從第一季開始所報導的故事，如罕見疾病和SDG 3「健康與福祉」相關、報導越南新住民與SDG 10「減少不平等」精神相符、有機栽種對應SDG 12「責任消費及生產」、自然生態與SDG 14「保育海洋生態」和SDG 15「保育陸域生態」都有著緊密的關聯、偏鄉老師的故事呼籲SDG 4的「優質教育」。原來在還沒有出現「SDGs」這個名詞的年代，《一步一腳印　發現新台灣》就早已透過報導，向大家傳遞這些符合時代所需要的正向觀念。

進一步歸納我們採訪過的受訪者後，發現其身分職業別超過三十種以上，選材多元，廣納各個族群，亦具有SDG 10「減少不平等」的精神；受訪者國籍分布超過十六個國家，則呼應了SDG 17的「多元夥伴關係」。近年來國際間所重視的DEI（Diversity, Equity and Inclusion）多元、平等、共融精神，也一直都存在我們的報導中，而且持續二十年之久！

我曾長達十五年擔任《一步一腳印　發現新台灣》節目的資深記者，有幸分享了多位受訪者的喜怒哀樂，這個節目也伴隨著我拿到碩士、博士、考取企業永續管理師證照。謝謝怡宜姊把「為節目著書」這份具有歷史意義的重大工作交給了我，讓我有機會以新聞採訪專業與永續知識背景，將我們所報導過的故事，對照至十七個SDGs，重新賦予系統化的意義。

要從四千則過去的報導，選出適合入書的題材，同時也希望參與節目的記者不要有遺珠之憾。選題之初，除了由我先行篩選，同時也訪談了記者們，協助大家從SDGs的角度，重新審視自己的作品，選出符合精神的得意之作。最後再請怡宜姊從我做的一張超大 Excel 表格裡，由一百多題定下這最終的十七題精選。

當然，選題的過程我們也曾難以取捨，或者有些故事元素同時符合多項SDGs，需要再進一步討論、聚焦，考量其多元性。而令我印象最深刻的是，著書期間，正逢AI被廣為應用於內容生成，但怡宜姊告訴我們，「我們要寫一本AI寫不出來的書」。我想，如果要說什麼是AI寫不出來的，那就該是記者善於體察的心與眼，以及這節目獨有的溫度。所以從選題、對照、分類、查找文獻支撐論述，到採訪寫作，我們不用AI，只依循著專業與本心，一點一滴描繪出這二十年的新與舊。新的是SDGs架構，舊的是如今再回溯當年故事，會發現不管歷經多久，他們的精神依然打動人心。

為了更明確每一則故事如何具體對應SDGs與其細項，以及受訪者如何落實這些精神，我逐一重新採訪。有趣的是，大部分的受訪者，並不知道自己這樣做符合SDGs，更不是為了符合SDGs而這樣做。他們的出發點與作為，都是真心希望自己和他人能變得更好。而這也就是《一步一腳印　發現新台灣》二十年，最寶貴的精神。

隨著本書問世，《一步一腳印　發現新台灣》節目亦開啟新篇章，怡宜姊轉任台大教授、麗如接棒新任主持人，但台灣感動人心的故事依舊源源不絕，仍持續不斷地「正在發生中」。《一步一腳印　發現新台灣》節目會以永續為核心價值，持續記錄著。

本書各章照片，由以下受訪者及節目記者特別提供，特此致謝。

〈SDG 1 拾荒老伯的善事業〉照片：吳奕慧 攝

〈SDG 2 每天的上百個 A 餐〉照片：徐沛緹 攝

〈SDG 3 豬肉財醫師的熱血行動〉照片：黃建財 提供

〈SDG 4 以科技翻轉弱勢的教授〉照片：蘇文鈺 提供

〈SDG 5 二手褲的農村再生〉照片：徐沛緹 攝；張凱琳提供（頁 64）

〈SDG 6 一輩子的投入 水草伯〉照片：吳聲昱 提供

〈SDG 7 拼一百分養豬場〉照片：洪崇拼 提供

〈SDG 8 當家鄉孩子的大哥〉照片：林峻丞 提供

〈SDG 9 他們的交通安全大夢〉照片：莊哲維、劉冠頡 提供

〈SDG 10 熱心大姐的雞婆洗衣店〉照片：劉月廷 提供

〈SDG 11 那瑪夏姐妹的承擔〉照片：阿布娪 提供

〈SDG 12 翻轉小鎮竹牙刷〉照片：林家宏 提供

〈SDG 13 老校長救地球計畫〉照片：劉月廷 提供

〈SDG 14 守護海洋的家庭主婦〉照片：陳映伶 提供

〈SDG 15 金山小鶴與生態大俠〉照片：邱銘源 提供；陳聰隆攝（頁 189 上圖）

〈SDG 16 兒子教我的山海功課〉照片：博崴媽媽杜麗芳 提供

〈SDG 17 東石滿修女採訪記〉照片：東石聖心教養院與安納家園 提供

一步一腳印，邁向永續路

——發現台灣 SDGs 典範故事

作　　者　詹怡宜、徐沛緹、吳奕慧、李晴、戴君恬
責任編輯　鄭伊庭
封面設計　孫漢傑、張日芬
圖文排版　楊家齊

出版策畫　聯利媒體股份有限公司（TVBS Media Inc.）
　　　　　地址：114504 台北市內湖區瑞光路 451 號
　　　　　電話：02-2162-8168
　　　　　傳真：02-2162-8877
　　　　　http://www.tvbs.com.tw
總 策 畫　陳文琦、劉文硯、王結玲
總製作人　楊　樺
總 編 審　范立達
製 作 人　徐沛緹
T 閱 讀　俞璟瑤、林芳穎、王薏婷
版權事務　蔣翠芳、朱蕙蓮
品牌行銷　戴天易、葉怡妏、黃聖涵、高嘉甫
行政業務　吳孟黛、趙良維、蕭誌偉、鄭語昕、高于晴、林承輝
法律顧問　TVBS 法律事務部
發　　行　秀威資訊科技股份有限公司
　　　　　地址：114504 台北市內湖區瑞光路 76 巷 65 號 1 樓
　　　　　電話：+886-2-2796-3638
　　　　　http：//www.showwe.tw
讀者服務信箱：service@showwe.tw
網路訂購／秀威網路書店：https://store.showwe.tw

2025 年 10 月　初版一刷

定價 平裝新台幣 450 元（如有缺頁或破損，請寄回更換）

ISBN：978-626-99506-5-2

國家圖書館出版品預行編目

一步一腳印,邁向永續路:發現台灣SDGs典範故事 / 詹怡宜, 徐沛緹, 吳奕慧, 李晴, 戴君恬作. -- 初版. -- 臺北市:聯利媒體股份有限公司出版:秀威資訊科技股份有限公司發行, 2025.10
面; 公分
ISBN 978-626-99506-5-2(平裝)

1.CST: 環境保護 2.CST: 永續發展 3.CST: 訪談 4.CST: 臺灣

445.99 114010079